ANATOMIE, PHYSIOLOGIE

ET

HYGIÈNE OCULAIRE.

ANATOMIE, PHYSIOLOGIE

ET

HYGIÈNE OCULAIRE

A L'USAGE DES GENS DU MONDE,

PAR

JULES-PHILIPPE **LEPORT** DE LA FORDEAUX

d'Evreux,

Docteur en Médecine de la Faculté de Paris, ex-élève de première classe de l'école pratique et des hôpitaux de Paris, ex chargé par M. le ministre de la guerre (de 1838 à 1844) du service de santé de la garnison et de la place d'Evreux, actuellement professeur de médecine et de chirurgie oculaire à Rennes, et fondateur du Dispensaire ophthalmique de la même ville,

AVEC 36 FIGURES GRAVÉES.

PRIX : 3 FR. 50.

PARIS,
MÉQUIGNON-MARVIS fils, Libraire, 3,
rue de l'Ecole de Médecine.

RENNES,
Chez l'auteur, rue du Champ-de-Mars, 9;
Chez HAUVESPRE et tous les autres Libraires.

1846.

Rennes, imprimerie de A. MARTEVILLE et LEFAS.

A Monsieur

NICOLAS-OLYMPE LEPORT DE LA HUGUENOTERIE,

Docteur en Médecine de la Faculté de Paris,

EX-MEMBRE DU JURY MÉDICAL DU DÉPARTEMENT DE L'EURE,

MON ONCLE, MON PREMIER MAITRE ET MON MEILLEUR AMI.

Faible témoignage de reconnaissance !

AVANT-PROPOS.

Avant de commencer un ouvrage scientifique, l'auteur devrait se demander si l'utilité de son livre est réelle, s'il renfermera des idées neuves en même temps que justes et profitables à ses lecteurs, et si beaucoup d'autres avant lui n'ont pas traité le même sujet d'une manière aussi exacte, plus exacte même que lui. Soit faute d'avoir fait cette réflexion, soit par ambition, soit par tout autre motif, toujours est-il que jamais on ne vit une époque aussi abondante que la nôtre en livres de toute espèce.

Aussi, quoiqu'ayant vu et soigné une très-grande quantité de maladies d'yeux, quoiqu'ayant fait également un bon nombre d'opérations oculaires de tout genre, me garderais-je bien d'écrire un livre de pathologie oculaire destiné à mes confrères. Que pourrais-je faire, en effet, après les Carron du Villards, Sichel, Mackenzie, etc.?...

C'est donc pour les gens du monde doués d'une certaine instruction que j'écris ces quelques lignes, et je m'estimerai heureux si, en suivant mes conseils, ils parviennent à éviter les maladies d'yeux, si graves, qui viennent assaillir les gens de lettres, les personnes de cabinet et les artistes qui travaillent aux objets fins. Combien, en effet, voit-on d'écrivains, de professeurs, d'avocats, de graveurs, de bijoutiers, etc., qui ont perdu la vue par l'inobservation des préceptes hygiéniques oculaires, ou par l'administration de remèdes appliqués sans raisonnement physiologique?

Mais, me dira-t-on, nous ne manquons pas d'ouvrages sur l'hygiène de l'œil; ceci est vrai. Mais en est-il beaucoup qui soient à la portée des gens du monde? Pas un. Comment, en effet, des personnes qui n'ont aucune connaissance de l'anatomie et de la physiologie oculaire, dont la plupart même ignorent les lois physiques de la lumière, et par conséquent la manière dont s'exécute la vision, comment donc ces personnes pourront-elles apprécier la lecture d'un pareil ouvrage?

C'est pourquoi nous avons travaillé à combler cette lacune, en livrant au public un livre dans lequel il trouve exposées avec simplicité : 1° quelques notions d'optique qu'il est nécessaire de savoir, afin de comprendre comment la lumière se comporte en traversant les milieux réfringents de l'œil, pour produire sur la rétine les images des objets qui nous environnent; 2° l'anatomie et la physiologie de l'œil marchant de pair autant que possible, et la manière de procéder à la dissection des yeux des animaux des classes supérieures, qui diffèrent peu de ceux de l'homme; 3° l'hygiène oculaire proprement dite, accompagnée de ses liaisons sympathiques avec l'hygiène des autres organes, et suivie de l'explication et de l'application des diverses espèces de lunettes.

Les lecteurs trouveront peut-être que, dans les explications que j'ai données de quelques phénomènes d'optique, je suis passé d'un fait à un autre sans aucune transition, et cet arrangement leur paraîtra sans doute un peu décousu; mais on devra comprendre que, dans un ouvrage de ce genre, il ne m'était pas possible de faire un cours complet d'optique, et que je devais seulement m'attacher aux phénomènes les plus indispensables à la compréhension de la théorie de la vision.

PREMIÈRE PARTIE.

Notions d'optique indispensables.

Marche de la Lumière dans un même milieu.

La lumière marche en ligne droite, et c'est un fait qui n'aurait réellement pas besoin de preuve. Comment, en effet, le chasseur abattrait-il la pièce de gibier qu'il vise? Néanmoins, dans les livres de physique, on a l'habitude de le prouver de la manière suivante : on prend une règle sur laquelle on place trois écrans parfaitement égaux, et percés chacun à leur centre d'un trou aussi parfaitement égal. Le premier de ces écrans est au milieu de la règle; le second et le troisième se trouvent à chaque extrémité. Si à travers ces trois trous à la fois on regarde la flamme d'une bougie, on la voit parfaitement; mais dès qu'on fait dévier un des écrans de la position rectiligne, on ne voit plus la flamme; preuve évidente que la lumière ne peut pas se propager autrement qu'en ligne droite, quand elle continue de cheminer toujours dans le même milieu, dans l'air par exemple.

Marche de la Lumière quand elle change de milieu.

Mais s'il est reconnu que la lumière marche en ligne droite, quand elle chemine dans un même milieu, il n'en est plus de même quand elle passe d'un milieu dans un autre, et que ce nouveau milieu est plus ou moins dense que le premier. La lumière éprouve dans ce cas une déviation, et ce phénomène porte le nom de réfraction. Ainsi, 1° quand la lumière passe d'un milieu moins dense dans un plus dense, arrivée au nouveau milieu, elle se dévie de sa direction primitive en s'approchant de la perpendiculaire abaissée sur le nouveau milieu. 2° Quand la lumière passe d'un milieu plus dense dans un moins dense, arrivée au nouveau milieu, elle se dévie de sa direction primitive en s'éloignant de la perpendiculaire abaissée sur le nouveau milieu. (Ceci n'est vrai toutefois que lorsque la lumière rencontre le nouveau milieu avec une direction oblique, car lorsque la lumière passe d'un milieu dans un autre avec une direction perpendiculaire, il n'y a pas de réfraction, et elle continue de suivre la même direction qu'elle avait avant son passage dans ce nouveau milieu.)

1° Passage de la Lumière d'un milieu moins dense dans un plus dense.

Supposons que la ligne AB (*fig.* 1re) serve de séparation entre deux milieux, dont le supérieur est moins dense (de l'air), et l'inférieur plus dense (de l'eau). Si du point E un rayon lumineux EF vient passer au point F dans le nouveau milieu plus dense AB, avec une direction oblique EF, le rayon EF, au lieu de suivre la direction FG, qu'il suivrait s'il ne changeait pas de milieu, éprouvera une réfraction au point F, et changera de direction en s'approchant de la perpendiculaire CD, pour suivre la nouvelle direction FH.

2° Passage de la Lumière d'un milieu plus dense dans un moins dense.

Supposons que la ligne AB (*fig.* 2) serve de séparation entre deux milieux, dont le supérieur est plus dense (de l'eau), et l'inférieur moins dense (de l'air). Si du point E un rayon lumineux EF vient passer au point F dans le nouveau milieu moins dense AB, avec une direction oblique EF, le rayon EF, au lieu de suivre la direction FG, qu'il suivrait s'il ne changeait pas de milieu, éprouvera une réfraction au point F, et changera de direction, en s'éloignant de la perpendiculaire CD, pour suivre la nouvelle direction FH.

Voici une expérience que tout le monde peut faire et qui prouve jusqu'à l'évidence la propriété qu'a la lumière de se réfracter en passant d'un milieu dans un autre. On prend un vase opaque quelconque; on place au fond de ce vase une pièce de monnaie; on fixe cette pièce de monnaie; on se recule progressivement jusqu'à ce qu'on ne la voie plus, et on s'arrête immobile dans cette position. Si on charge quelqu'un de verser de l'eau dans le vase, on voit aussitôt apparaître la pièce de monnaie, quoique cette pièce de monnaie, le vase et l'observateur n'aient pas changé de place. Nous allons rendre plus facile l'explication de ce phénomène à l'aide de figures.

Soit un vase opaque ABCD (*fig.* 3); une

pièce de monnaie O au fond de ce vase qui est vide, et ne contient par conséquent que de l'air. L'œil de l'observateur est placé en E. De la pièce de monnaie O partent des rayons lumineux dans toutes les directions; mais le rayon OC est interrompu dans sa marche par la paroi du vase qu'il rencontre au point C; par conséquent l'œil ne peut pas voir la pièce de monnaie O, car le rayon OF, qui passe le plus près du bord du vase, passant au dessus de l'œil, il est évident que l'œil ne peut en recevoir l'impression. Il est donc bien démontré que dans cette figure l'œil ne peut pas voir la pièce de monnaie. Introduisons de l'eau dans le vase ABCD (*fig.* 4); que va-t-il arriver? Le rayon OF suivait la direction rectiligne OHF, quand il marchait dans un même milieu (l'air); mais on a introduit de l'eau dans le vase : il va donc passer d'un milieu plus dense (l'eau) dans un milieu moins dense (l'air); il subira la loi de la réfraction en s'écartant de la perpendiculaire HG, prendra la nouvelle direction HE, et viendra nécessairement frapper l'œil, qui verra alors la pièce de monnaie O, qu'il ne voyait pas auparavant, quand le vase était vide. Mais nous avons vu que la lumière marchait en ligne droite; par conséquent l'œil qui sait que la lumière marche en ligne droite, et qui est habitué à voir ordinairement dans un même milieu (l'air), ne verra pas la pièce de monnaie en O, puisqu'alors on a une ligne brisée OHE; mais l'œil rapportera l'image de la pièce de monnaie dans la direction HE, et ce sera au point O' (*fig.* 5) que l'œil verra la pièce de monnaie : c'est-à-dire qu'il la verra plus loin qu'elle n'est effectivement. Ce phénomène est très-bien connu des personnes qui vont à la chasse du poisson, au bord des rivières, avec un fusil; ces personnes savent très-bien que pour tuer le poisson, elles doivent tirer d'autant plus ou moins en avant, que la position est plus ou moins oblique, et l'eau plus ou moins profonde. Si le chasseur était placé sur un pont perpendiculaire au poisson, comme dans ce cas il n'y a pas de réfraction, il devra titrer directement sur le poisson, sans s'occuper de la plus ou moins grande profondeur de l'eau, puisque nous savons que les rayons lumineux qui passent d'un milieu dans un autre n'éprouvent pas de déviation, quand le passage se fait perpendiculairement.

Des phénomènes précédents on déduira facilement que si, au lieu d'un seul rayon lumineux, plusieurs rayons lumineux parallèles, ou provenant d'une distance infinie, viennent à passer obliquement d'un milieu dans un autre, ils éprouveront une réfraction, tout en conservant entre eux leur parallélisme. Ainsi (*fig.* 6) AB est la ligne de séparation entre deux milieux, le supérieur moins dense (l'air), l'inférieur plus dense (l'eau). Les rayons CK, DL, EM, parallèles entr'eux, rencontrent obliquement aux points K L M la surface du milieu plus dense AB. Ils vont subir une réfraction, et au lieu de suivre la direction rectiligne KN LO MP, il s'en écarteront, en se rapprochant des perpendiculaires FK GL HM, et prendront la nouvelle direction KQ LR MS. Mais comme ces rayons lumineux éprouvent la même réfraction, ils continueront d'être toujours parallèles entre eux, puisque la déviation qu'ils éprouvent est la même pour tous et dans le même sens.

Manière dont la Lumière se comporte en traversant un milieu réfringent sphérique, une lentille de verre biconvexe par exemple.

Nous venons de voir que des rayons parallèles conservent encore leur parallélisme, après avoir été réfractés par un corps réfringent à surface plane; mais il en est autrement quand ces rayons lumineux viennent à être réfractés par un corps réfringent à surface sphérique.

Dans ce cas les rayons parallèles, ou s'écartant peu du parallélisme, viennent converger dans un point qu'on appelle le foyer du corps réfringent. Ainsi, soit (*fig.* 7) une lentille en verre AB dont la surface courbe peut être assimilée à une succession de très-petites lignes brisées ajoutées les unes aux autres. Supposons les rayons CE et DF parallèles entr'eux venant traverser la lentille AB aux points E et F. Comment vont se comporter ces rayons? Prenons d'abord le rayon CE. Ce rayon CE, passant d'un corps moins dense (air) dans un plus dense (verre), va éprouver une réfraction au point E, en se rapprochant de la perpendiculaire GH abaissée sur la lentille; par conséquent, au lieu de suivre la direction EK qu'il aurait suivie, s'il eût toujours cheminé dans le même milieu, il prendra la nouvelle direction EI. Mais arrivé au point I, il va passer d'un milieu plus dense (verre) dans un moins dense (air) : il s'éloignera donc de la perdiculaire IL, et au lieu de suivre la direction IM, il prendra la nouvelle direction IO. Le rayon DF se comportera de la même manière que CE, et ces deux rayons viendront se rencontrer au point O. Ce point de rencontre s'appelle le foyer de la lentille. Les rayons CE et DF, après s'être rencontrés au point O, se croiseront et continueront leur chemin en ligne droite OD' et OC'. Nous reviendrons plus tard sur cette disposition, en parlant des images et des différentes vues. La distance du point de convergence O des rayons parallèles à la lentille, est mesurée par la longueur du rayon de la sphère à laquelle appartient la courbe de la lentille AB. Ainsi, si la courbe AB appartient, je suppose, à une sphère de 2 pouces de diamètre, le rayon est de 1 pouce, et ce sera en effet à 1 pouce que viendront converger les rayons parallèles ou solaires. (On admet que les rayons solaires sont parallèles, quoiqu'ils ne le soient pas réellement; mais comme la distance du soleil à la terre est infinie, les rayons divergent si peu, qu'on peut les considérer comme parallèles.)

Si donc nous supposons un point lumineux placé entre l'infini et la lentille (*fig.* 8), la convergence des rayons IE et IF provenant du point I se fera plus loin, en K, que la convergence des rayons parallèles CE et DF provenant de l'infini, en G. Si encore nous supposons un point lumineux I placé au foyer de la lentille AB (*fig.* 9), les rayons IE et IF, rencontrant la lentille AB dans une grande divergence, se réfracteront de manière à prendre à leur sortie de la lentille AB une direction parallèle EL et FM, tandis que les rayons parallèles CE et DF provenant de l'infini iront converger au foyer de la lentille, en G. Voici pourquoi, quand on se sert d'une loupe pour grossir de petits objets, ces derniers doivent être placés au foyer de la loupe, afin que les rayons lumineux partis de ces petits objets avec une grande divergence, viennent frapper l'œil avec des directions parallèles.

Manière dont la Lumière se comporte en traversant une lentille de verre biconcave.

Quoique de la connaissance du chapitre précédent on puisse facilement déduire ce qu'il arrivera aux rayons lumineux qui traverseront une lentille biconcave, nous allons néanmoins entrer dans quelques explications, parce qu'il est de toute importance que le lecteur connaisse bien ce fait, afin qu'il comprenne plus tard la théorie des verres de lunettes concaves appliqués pour remédier à la myopie.

Les lentilles biconcaves jouissent d'une propriété toute opposée à celle des lentilles biconvexes; c'est-à-dire qu'elles font diverger les rayons lumineux qui les traversent. Ainsi (*fig.* 10), supposons deux rayons parallèles

CE et DF traversant la lentille biconcave AB aux points E et F; le rayon CE, en entrant dans la lentille, passe d'un milieu moins dense dans un plus dense; il va donc se rapprocher de la perpendiculaire GH pour prendre la direction EI, au lieu de la direction EK qu'il aurait suivie s'il n'eût pas changé de milieu. Arrivé au point I, il va passer d'un milieu plus dense dans un moins dense; il va donc s'écarter de la perpendiculaire LI en prenant la direction IO, au lieu de IM qu'il aurait suivie s'il n'eût pas changé de milieu. Le rayon CE éprouve donc deux divergences : une en entrant, l'autre en sortant. Le rayon DF se comportera de la même manière, de sorte que les deux rayons, après leur passage à travers la lentille biconcave, s'écarteront indéfiniment l'un de l'autre de plus en plus. On voit donc que les lentilles biconcaves n'ont pas de foyer; néanmoins, en optique, pour s'entendre sur leurs différentes courbures, on leur a créé un foyer imaginaire, et ce foyer est le point où viendraient converger les rayons divergents, si par la pensée on les ramenait en avant, sans changer la direction qu'ils ont acquise par leur passage à travers la lentille biconcave. Ainsi (*fig.* 11), I serait le foyer de la lentille biconcave AB, parce que ce serait le point où viendraient converger E'O et F'O', si par la pensée on les ramenait en avant dans la direction OE'I et O'F'I.

Manière dont la Lumière se comporte en passant par une très-petite ouverture pratiquée dans la porte d'une chambre obscure.

Si derrière un petit trou pratiqué dans la porte d'une chambre obscure on place une feuille de papier blanc, ou un drap blanc, on aura sur ce dernier l'image renversée des objets éclairés qui seront situés au dehors et en face de ce trou. Ce phénomène s'explique par le fait que nous savons que la lumière marche en ligne droite quand elle ne change pas de milieu. Ainsi (*fig.* 12), ABCD est une chambre noire avec une petite ouverture O. IK est un corps éclairé situé en dehors de la chambre et en face de l'ouverture. Si à la distance E, en dedans de la chambre et en face le trou, on place le drap blanc, on aura sur ce dernier une image renversée de IK en I'K'. En effet, la lumière marchant en ligne droite, les rayons lumineux partis de la partie supérieure de l'objet en I, pour entrer dans la chambre, ne peuvent suivre d'autre direction que la direction rectiligne II'. En conséquence, l'image de I viendra se faire en I'. Il en sera de même pour K dont l'image viendra se faire en K'; et, si nous en supposons autant pour tous les rayons lumineux partis de tout l'objet IK, il est bien évident que de tous ces rayons lumineux ceux partis de la partie supérieure de l'objet viendront se peindre en bas sur le drap blanc situé en E, et que ceux partis de la partie inférieure de l'objet viendront se peindre en haut, et que par conséquent l'image de IK sera vue renversée en I'K'. Cette image sera d'autant plus grande que le drap sera placé plus loin de l'ouverture (*fig.* 13). Ceci est encore évident, puisque les rayons II' et KK' étant divergents, plus ils vont loin, plus l'image s'étalera ; mais aussi plus l'image sera grande, moins elle sera nette. Plus l'objet sera éloigné, plus son image sera petite sur le drap blanc (*fig.* 14), et ceci est trop évident, à l'aspect seul de la figure, pour que j'entre dans plus de détails à ce sujet.

Tout le monde peut faire ces expériences, et il est très-utile d'en retenir l'explication, pour comprendre plus tard comment la rétine voit les objets renversés, et comment l'âme les remet à leur place, comment en outre les objets nous paraissent d'autant plus petits qu'ils sont plus éloignés.

Aberration de sphéricité.

L'aberration de sphéricité est cette propriété que possèdent les lentilles de faire converger les rayons marginaux plutôt que les rayons centraux. Ainsi (*fig.* 15), les rayons lumineux CC' traversant la lentille AB près de ses bords, se réuniront en O, tandis que les rayons centraux DD' se réuniront en I; il en résultera que si on les reçoit sur une surface YY, l'image serait nette en I, si elle n'était obscurcie par le cercle de diffusion résultant de l'écartement en OYY des rayons CO et C'O qui continuent leur chemin après s'être rencontrés en O.

Heureusement qu'on peut obvier à cet inconvénient, en plaçant au devant de la lentille un diaphragme opaque EE (*fig.* 16) qui interceptera les rayons lumineux marginaux, et alors on aura en I une image nette. Voici pourquoi les instruments d'optique, comme les longues-vues, les loupes, etc., sont pourvus d'un diaphragme, et nous verrons plus loin que l'œil possède une disposition semblable.

DEUXIÈME PARTIE.

Anatomie et Physiologie de l'œil.

Cet ouvrage étant écrit particulièrement pour les gens du monde, je ne ferai qu'une description sommaire, me réservant néanmoins de parler avec plus de détails des choses les plus intéressantes, et de développer quelques idées qui m'appartiennent.

Des Orbites.

L'œil est renfermé dans une boîte osseuse qu'on appelle l'orbite. Cette cavité peut être comparée à une pyramide creuse, dont la base est en avant et le sommet en arrière; elle est située sur un plan horizontal, et dirigée obliquement d'avant en arrière et de dehors en dedans, de manière que, si on prolongeait son axe, il viendrait se rencontrer avec celui du côté opposé. On peut diviser l'orbite en quatre parois, dont la supérieure, concave, triangulaire, est formée en avant par le frontal et en arrière par l'apophyse ingrassias du sphénoïde; à son sommet on remarque le trou optique par lequel passe le nerf optique et l'artère ophthalmique; en avant et en dehors est une dépression pour loger la glande lacrymale; en avant et en dedans, une toute petite fossette, pour l'insertion de la poulie cartilagineuse du muscle grand oblique. L'inférieure, plane et inclinée en dehors, est formée en avant par l'os maxillaire supérieur et l'os de la pommette, et tout-à-fait en arrière par une petite portion de l'os palatin. L'externe est formée en avant par l'os de la pommette et en arrière par le sphénoïde; elle est oblique de dehors en dedans et d'avant en arrière. L'interne est plus étroite : elle est dirigée presque directement d'avant en arrière, et est formée en avant par l'os unguis, au milieu par l'ethmoïde et en arrière par le sphénoïde.

De la réunion de ces quatre parois résultent quatre angles dont deux seulement présentent quelque chose de remarquable. Le supérieur externe offre à sa partie postérieure une ouverture qu'on appelle la fente sphénoïdale, et par où passent la veine ophthalmique, les nerfs, moteur commun, pathétique, moteur externe, ophthalmique. L'inférieur externe offre une fente qui occupe ses deux tiers postérieurs; c'est la fente sphéno-maxillaire, bouchée à l'état frais par du tissu cellulaire et graisseux.

Le bord de la base de l'orbite, irrégulièrement quadrilatère, offre en haut, à la réunion du tiers interne au tiers moyen, le trou sourcilier par où passe le nerf frontal, et tout-à-fait en bas et en dedans, la gouttière lacrymale formée par l'os unguis et l'os maxillaire supérieur. Cette gouttière, à peu près triangulaire, est le commencement du canal nasal dont l'ouverture inférieure est dans les fosses nasales, sous le cornet inférieur.

Il est presque superflu de dire que les orbites ont pour usage de contenir l'œil, ses nerfs et ses vaisseaux, et de le garantir des chocs extérieurs.

Des Sourcils.

Tout le monde sachant ce que sont les sourcils, il suffit de dire qu'ils servent à protéger l'œil de la force des rayons solaires, et de la sueur qui dans certaines circonstances s'écoule du front. Les sourcils jouent un très-grand rôle dans l'expression des différentes passions. Ainsi, ils s'élèvent dans la joie, l'admiration, l'horreur, la stupeur; ils se rapprochent l'un de l'autre dans la haine, le mépris; ils s'abaissent dans la tristesse, la réflexion. Deux muscles donnent le mouvement aux sourcils : le muscle frontal donne le mouvement d'élévation, et le sourcilier, petit muscle transversal, qui d'un côté s'attache à la bosse nasale de l'os frontal et de l'autre se confond avec le muscle frontal, donne le mouvement d'abaissement et plus particulièrement d'adduction.

Des Paupières.

Les paupières sont des voiles mobiles destinés à protéger l'œil des corps extérieurs, à lui donner un instant de repos par le fait du clignotement, phénomène qui a aussi pour but d'étendre les larmes sur toute la surface oculaire. Enfin les paupières recouvrent l'œil pendant le sommeil. La paupière supérieure est plus large que l'inférieure et jouit aussi de mouvements plus étendus. Cinq couches forment l'épaisseur des paupières : 1° la couche cutanée qui est fine, très-lâche et sur laquelle se remarquent des rides transversales plus nombreuses à la paupière supérieure qu'à l'inférieure; 2° une couche cellulaire très-mince; 3° une couche musculaire formée par le muscle orbiculaire. Ce muscle, composé de fibres circulaires assez écartées les unes des autres, prend attache au bord antérieur de la gouttière lacrymale, à l'apophyse montante de l'os maxillaire supérieur et orbitaire interne du frontal; à sa partie externe, il n'a point d'attache et n'est fixé là que par du tissu cellulaire. Ce muscle a pour usage de rapprocher les paupières l'une de l'autre, quand ses fibres se contractent. Il reçoit des filets nerveux du nerf facial, lesquels lui apportent la volonté motrice du cerveau; 4° une couche fibro-cartilagineuse, d'abord fibreuse, qui naît du bord de l'orbite et vient s'unir aux cartilages tarses; le cartilage tarse supérieur a 14 millimètres de largeur, tandis que l'inférieur en a à peine 5. Dans leur épaisseur existent des sillons verticaux et très-rapprochés les uns des autres, dans lesquels sont logées les glandes de meibomius. Ces glandes, au nombre de quarante à la paupière supérieure, et de vingt à l'inférieure, viennent s'ouvrir, par des orifices très-petits, au bord libre des paupières, en arrière des cils. Ces glandes sécrètent cette humeur qu'on appelle la chassie et qui a pour but de maintenir les cils dans un état d'onctuosité et de souplesse convenable; 5° une couche muqueuse qui constitue la face postérieure ou interne des paupières, et qui n'est qu'une partie de la membrane muqueuse oculo-palpébrale qui porte le nom de conjonctive.

La faculté sensitive des paupières est développée par des filets nerveux provenant des branches nasale et lacrymale, appartenant à un nerf du sentiment, 5e *paire ou trifacial;* la faculté motrice y est apportée par des filets nerveux provenant d'un nerf du mouvement, *nerf facial, ou 7e paire.*

Les bords libres de chaque paupière sont garnis de poils appelés cils, dont la couleur varie suivant les individus. Il y en a davantage à la paupière supérieure qu'à l'inférieure, mais ils manquent entre les points lacrimaux et l'angle interne de l'œil. Ils sont irrégulièrement plantés sur deux à quatre rangées; ceux de la paupière supérieure, qui sont les plus longs, sont d'abord dirigés en bas et ensuite recourbés en haut; ceux de la paupière inférieure, moins longs, présentent une disposition contraire; leur usage est d'empêcher la poussière et les petits insectes d'entrer dans les yeux. Aussi les personnes qui ont perdu leurs cils ont-elles toujours les paupières rouges et enflammées.

Avant de passer outre, étudions un muscle qui, quoique contenu dans l'orbite, doit être néanmoins examiné en ce moment. C'est le muscle élévateur de la paupière supérieure. Il est grêle, allongé, plus large antérieurement que postérieurement; il naît de la gaîne du nerf optique et du sphénoïde, tout près du trou optique, marche entre la paroi supérieure de l'orbite et le muscle droit supérieur de l'œil, et vient se terminer, par une aponevrose mince et large, au bord supérieur du cartilage tarse supérieur. Le nom de ce muscle indique son usage; il relève la paupière supérieure. Ainsi, dans le sommeil, ce muscle se repose pendant que le muscle orbiculaire est maintenu dans une demi-contraction permanente. Dans la veille, au contraire, il est toujours en action pendant que l'orbiculaire est au repos.

De la conjonctive.

La conjonctive est cette membrane muqueuse qui recouvre la face interne des paupières et le globe oculaire, même la cornée, quoique certains anatomistes aient voulu le nier; mais l'anatomie pathologique est venue en aide à l'anatomie physiologique, et la plupart des oculistes et anatomistes modernes admettent le passage de la conjonctive sur la cornée. Au reste, ce n'est point dans un ouvrage de ce genre qu'on pourrait entrer dans une pareille discussion. A la partie interne de l'œil elle forme un repli semilunaire, qui est le rudiment de la membrane clignotante de certains animaux. Tout-à-fait à l'angle interne de l'œil, elle s'épaissit et forme une petite tumeur qui porte le nom de caroncule lacrymale, et qui a pour but de faciliter le passage des larmes dans les points lacrymaux.

Appareil lacrymal.

L'appareil lacrymal se compose de la glande lacrymale, des points et des conduits lacrymaux, du sac lacrymal et du canal nasal, de la caroncule lacrymale.

Glande lacrymale.

La glande lacrymale est l'organe destiné à la fabrication des larmes ; et tout le monde sait avec quelle promptitude cette fabrication marche dans certaines émotions de peine ou de plaisir. Elle a à peu près la forme et le volume d'une amande, et est logée dans la fosse lacrymale de l'os frontal. Elle est percée du côté de l'œil par sept petites ouvertures par où sortent les larmes. Ces petits conduits excréteurs sont excessivement difficiles à voir sur l'homme; mais le professeur Scarpa les a parfaitement démontrés sur le bœuf, et est parvenu à y introduire des soies de cochon.

La glande lacrymale reçoit l'artère lacrymale, la veine lacrymale, le nerf lacrymal, qui concourent par leurs divisions extrêmes à la texture de cette glande. L'artère lacrymale apporte le sang qui doit être transformé en larmes; la veine lacrymale remporte le surplus de ce sang, et le nerf lacrymal y apporte la sensibilité.

Les larmes, une fois sécrétées, filent dans l'état de veille sur le bord libre de la paupière inférieure, tout en humectant de temps en temps la surface oculaire par le fait du clignotement. Dans l'état de sommeil, elles filent dans un canal triangulaire résultant du rapprochement des deux paupières; la base de ce canal est formée par le globe oculaire, et le sommet par les deux bords palpébraux. Arrivées à la partie interne de l'œil, elles disparaissent en passant par deux petites ouvertures qu'on appelle les points lacrimaux, qui ne sont que le commencement des canaux du même nom.

Points et conduits lacrymaux.

Il y a deux points lacrymaux, un pour chaque paupière. Ils sont placés vis-à-vis l'un de l'autre et tournés en arrière, à trois millimètres de la commissure palpébrale, et il est très-facile de les apercevoir en abaissant légèrement la paupière inférieure et élevant la supérieure. On peut faire cet examen sur soi-même, dans une glace. A ces deux petites ouvertures succèdent deux petits conduits : ce sont les conduits lacrymaux qui sont traversés par les larmes, et se terminent dans le sac lacrymal.

Sac lacrymal.

Le sac lacrymal est une poche membraneuse logée dans la gouttière lacrymale, et de même forme et grandeur.

Canal nasal.

Le canal nasal fait suite au sac lacrymal et vient se terminer, comme nous l'avons déjà dit en traitant des os, dans les fosses nasales, sous le cornet inférieur.

Les points et conduits lacrymaux, le sac lacrymal et le canal nasal, sont tapissés par une membrane muqueuse qui est la suite de la muqueuse oculaire et de la muqueuse des fosses nasales.

En résumé, les larmes, sécrétées par la glande, viennent se rendre à l'angle interne de l'œil; là, aidées par la caroncule lacrymale, elles passent par les points lacrymaux dans les conduits du même nom, de là dans le sac lacrymal, et enfin dans le canal nasal d'où elles tombent dans le nez. Voici pourquoi, quand par l'action de pleurer il y a une grande quantité de larmes de sécrétées, on a aussi besoin de se moucher; mais en outre, une certaine quantité de larmes débordent la paupière inférieure et s'écoulent sur la joue, parce que tout n'a pu passer par les points lacrimaux, trop petits pour laisser passer une si grande quantité de liquide à la fois ; et il est une chose à remarquer, c'est que les larmes sécrétées si promptement jouissent d'une propriété irritante. Aussi les personnes qui viennent de pleurer ont-elles la conjonctive rouge, voir même la peau des paupières. Ce phénomène ne peut s'expliquer qu'en admettant que les larmes, par le fait de leur prompte élaboration, n'ont pu arriver à la perfection qui leur convient pour que l'œil n'en ressente aucun effet fâcheux. En effet, dans l'état de sécrétion normale, elles ne font que faciliter les mouvements de l'œil, et peuvent être comparées à l'huile que l'on introduit dans les machines pour faciliter leurs mouvements et les empêcher de s'user et de se dépolir. Aussi les yeux ne peuvent-ils se passer de larmes, et, quand ces organes viennent à en être privés, cet inconvénient constitue-t-il une maladie oculaire connue sous le nom de xerophthalmie.

Muscles de l'œil.

Le globe oculaire est mu par six muscles qui sont :

Le droit supérieur, ou releveur, ou superbe.

Le droit inférieur, ou abaisseur, ou humble.

Le droit interne, ou adducteur, ou liseur, ou buveur.

Le droit externe, ou abducteur, ou dédaigneux.

Le grand oblique, ou oblique supérieur, ou trochléateur.

Le petit oblique, ou oblique inférieur.

Muscle droit supérieur.

Il est situé entre le globe de l'œil et l'élévateur de la paupière supérieure; de même forme que ce dernier, mais un peu plus court, il s'attache en arrière à la gaine du nerf optique et à l'apophyse ingrassias, et vient se terminer par une aponévrose mince et large à la sclérotique avec laquelle il se confond, à environ six millimètres de la cornée.

Quand ce muscle se contracte, il porte le globe de l'œil directement en haut. Il reçoit une branche de la troisième paire, ou nerf moteur commun.

Muscle droit inférieur.

Il est situé entre le globe de l'œil et le plancher de l'orbite. Quand il se contracte, il porte le globe de l'œil directement en bas. Il reçoit une branche du nerf de la troisième paire.

Muscle droit interne.

Il est situé entre le globe de l'œil et la paroi interne de l'orbite. Quand il se contracte, il porte le globe de l'œil directement en dedans. Il reçoit une branche du nerf de la troisième paire.

Muscle droit externe.

Il est situé entre le globe de l'œil et la paroi externe de l'orbite. Quand il se contracte, il porte le globe de l'œil directement en dehors. Il reçoit pour lui tout seul le nerf de la sixième paire tout entier, ou nerf moteur externe.

Les quatre muscles droits ayant une même forme, une même origine, une même direction, une même terminaison, compriment l'œil d'avant en arrière, quand ils viennent à se contracter tous les quatre à la fois, et par conséquent l'aplatissent en diminuant son diamètre antero-postérieur. Ceci est de la plus grande évidence et je ne conçois pas que des anatomistes et des physiologistes distingués aient pu soutenir le contraire. Il faut bien retenir ce mode d'action, pour comprendre plus loin comment l'œil s'accommode aux différentes distances.

Muscle grand oblique.

Il a la même origine que les précédents, mais il est un peu plus étroit. Il marche entre le droit interne et le droit supérieur, quoique plus rapproché de ce dernier; mais arrivé auprès de l'apophyse orbitaire interne, il rencontre une poulie cartilagineuse dont nous avons déjà décrit la fossette; il dégénère alors en un tendon grêle et long, s'introduit par cette poulie et se réfléchit d'avant en arrière, pour aller s'attacher, à la partie supérieure et postérieure du globe de l'œil, à la sclérotique, non loin du nerf optique. Il est donc évident que ce muscle en se contractant portera le globe de l'œil en avant, en lui imprimant un léger mouvement de rotation en dedans. Il reçoit pour lui seul le nerf de la quatrième paire tout entier, ou nerf pathétique.

Muscle petit oblique.

Ce muscle a une direction presque perpendiculaire aux autres. Il naît au bord antérieur et externe de la gouttière lacrymale, et se dirige en dehors et en arrière, en se recourbant sur la convexité du globe; il passe sous le droit inférieur, ensuite s'introduit entre le globe et le droit externe, et vient enfin s'attacher par une aponévrose large et mince à la sclérotique, entre le droit supérieur et le droit externe, et à quelques millimètres du nerf optique. Quand il se contracte il porte le globe de l'œil en avant, en lui imprimant un léger mouvement de rotation en dehors. Il reçoit une branche du nerf de la troisième paire.

Il sera donc encore de la plus grande évidence que, si les deux muscles obliques agissent en même temps, ils porteront l'œil directement en avant et allongeront son diamètre antero-postérieur; mode d'action dont il faudra encore se souvenir, pour comprendre l'accommodement de l'œil aux différentes distances.

Nerfs de l'œil et de ses annexes.

On peut diviser les nerfs de l'œil en, 1° Nerfs du sens de la vision, c'est-à-dire qui jouissent de la propriété exclusive de sentir l'impression de la lumière comme produisant des images; nerfs optiques, ou deuxième paire. 2° Nerfs sensitifs, c'est-à-dire qui sont chargés de porter au cerveau l'impression des sensations extérieures; nerf ophthalmique, ou branche de la cinquième paire. 3° Nerfs moteurs, c'est-à-dire qui sont chargés d'apporter aux muscles le commandement du cerveau qui leur ordonne de se contracter plus ou moins; nerfs de la troisième paire, ou nerf moteur commun, nerf de la quatrième paire, ou nerf pathétique, nerf de la sixième paire, ou nerf moteur externe. 4° Enfin une espèce de nerf participant et des nerfs du mouvement et des nerfs du sentiment, et agissant sans la volonté et même malgré la volonté du cerveau; ganglion ophthalmique.

Nerf optique.

Sans occuper l'homme du monde des discussions qui ont eu lieu parmi les anatomistes, pour prouver l'origine du nerf optique dans telle ou telle partie du cerveau, son entrecroisement complet ou incomplet, ou seulement son accolement avec le nerf optique opposé, nous ne présenterons son étude, ainsi que celle des autres nerfs, qu'après son passage du crâne dans l'orbite.

Le nerf optique sort du crâne, pour entrer dans l'orbite, en passant par le trou optique; là il est environné par la partie postérieure des quatre muscles droits, et vient percer la sclérotique et la choroïde, pour s'épanouir, au devant de cette dernière, en une membrane mince qu'on appelle la rétine et que nous étudierons plus tard. Le nerf optique est rond et est à peu près de la grosseur d'une plume de corbeau. C'est ce nerf qui est chargé de porter au cerveau l'impression des images reçues par la rétine, qui n'est que son épanouissement.

Nerf ophthalmique ou branche ophthalmique de la cinquième paire.

Le nerf ophthalmique n'est lui-même que la branche la plus petite du nerf de la cinquième paire, ou trifacial; il sort du crâne, pour entrer dans l'orbite, par la fente sphénoïdale, mais avant de traverser cette fente, il présente déjà trois divisions principales : l'une externe porte le nom de nerf lacrymal, la deuxième, nerf frontal, la troisième ou interne, nerf nasal.

Nerf lacrymal.

C'est le plus petit des trois; il côtoie quelque temps l'artère lacrymale, et se divise bientôt en plusieurs filets dont les uns traversent la glande lacrymale et vont se perdre dans le muscle élévateur de la paupière supérieure, et dans toute la paupière elle-même, et les autres restent dans la glande lacrymale elle-même; un filet sort aussi par un des trous malaires et va s'anastomoser avec le nerf facial.

Nerf frontal.

C'est le plus gros des trois branches du nerf ophthalmique; il marche d'arrière en avant sous la voûte orbitaire, et se divise bientôt en deux rameaux dont, l'externe plus considérable, nerf frontal externe, passe par le trou susorbitaire et se divise en plusieurs filets dans la paupière supérieure et surtout dans le front; l'interne, nerf frontal interne, sort de l'orbite entre le trou susorbitaire et la poulie cartilagineuse du grand oblique, et se divise également, comme le précédent, dans la paupière et le front.

Nerf nasal.

Tenant le milieu pour le volume entre le frontal et le lacrymal, dès son entrée dans l'orbite, il envoie un rameau long et grêle s'unir à la partie postérieure et supérieure du ganglion ophthalmique, croise ensuite la direction du nerf optique et donne presque constamment trois filets ciliaires que nous étudierons plus loin; il côtoie ensuite la terminaison de l'artère ophtalmique et se divise en deux rameaux, l'un interne et l'autre externe. Le rameau nasal interne s'introduit par le trou orbitaire interne et antérieur, et parvient à la voûte des fosses nasales, après avoir d'abord passé dans le crâne. Le rameau nasal externe sort de l'orbite, près de la poulie du grand oblique, et envoie des filets dans les paupières, dans le front, où il s'anastomose avec le nerf frontal interne, sur le dos du nez et dans la caroncule lacrymale.

Le nerf ophtalmique envoyant ses divisions dans toutes les parties accessoires de l'œil que nous avons déjà étudiées, a pour usage de transmettre au cerveau les impressions reçues par ces parties. Aussi ce nerf est-il doué d'une grande sensibilité, et quand, sur les animaux vivants, on vient à toucher une de ses branches, occasione-t-on une douleur très-vive manifestée par les cris de ces animaux.

Nerf moteur commun, ou troisième paire.

Ce nerf, beaucoup plus petit que le nerf optique, sort du crâne par la fente sphénoïdale, et pénètre dans l'orbite, déjà divisé en deux branches. La branche supérieure, qui est la plus petite, se divise elle-même en deux rameaux, dont un se perd dans le muscle droit supérieur, et le second dans le muscle élévateur de la paupière supérieure. La branche inférieure, beaucoup plus grosse, se divise en trois rameaux : le premier, interne, va se perdre dans le muscle droit interne ; le second, moyen, va se perdre dans le muscle droit inférieur ; le troisième, externe, donne naissance à un filet gros et court qui va s'unir à la partie postérieure et inférieure du ganglion ophtalmique, et il continue lui-même de cheminer d'arrière en avant jusqu'à ce qu'il rencontre le muscle petit oblique dans lequel il se perd. On voit donc que le nerf moteur commun va porter la volonté motrice du cerveau à cinq muscles, qui sont : l'élévateur de la paupière supérieure, le droit supérieur, le droit interne, le droit inférieur, le petit oblique. Il résulte, quand ce nerf est paralysé, que ces cinq muscles sont dans l'impossibilité de se contracter, et alors on observe une chute de la paupière supérieure, et un strabisme externe, espèce de strabisme qu'il faut bien se garder d'opérer, mais qui doit être traité par des moyens médicaux.

Nerf pathétique, ou quatrième paire.

Ce nerf est le plus grêle de tous les nerfs de l'encéphale; il sort du crâne, pour entrer dans l'orbite, par la fente sphénoïdale, et va se perdre en entier dans le muscle grand oblique. Ce nerf a pour usage de porter la volonté motrice du cerveau au muscle grand oblique.

Nerf moteur externe, ou sixième paire.

Ce nerf, d'une grosseur intermédiaire à celle du moteur commun et du pathétique, sort du crâne, pour entrer dans l'orbite, par la fente sphénoïdale, et va se perdre tout entier dans le muscle droit externe; il a pour usage de porter la volonté motrice du cerveau au muscle droit externe.

Les nerfs moteurs, commun, pathétique, moteur externe, sont insensibles à toute espèce de sensation extérieure, et on peut, sur un animal vivant, les lacérer, les tenailler, et les déchirer de toute manière, sans que l'animal en éprouve la moindre douleur. Le nerf optique lui-même n'est sensible qu'à l'impression de la lumière comme produisant des images, et on peut aussi le torturer sans produire aucune douleur.

Ganglion ophthalmique ou lenticulaire.

Ce nerf ganglionnaire, en partie formé par une branche qui lui vient du nerf de la troisième paire, qui est un nerf du mouvement, et par une branche de la cinquième paire, qui est un nerf du sentiment, devra évidemment jouir à la fois de la propriété et des nerfs du mouvement et des nerfs du sentiment, et c'est en effet ce que nous verrons bientôt.

Le ganglion ophthalmique, de la grosseur d'une lentille, est situé au côté externe du nerf optique, à six millimètres du trou optique; sa couleur est rouge grisâtre; il a la forme d'un carré allongé avec des angles très-saillants; l'angle postéro-supérieur est renforcé par le filet long et grêle que nous avons vu lui être fourni par la branche nasale du nerf ophthalmique. L'angle postéro-inférieur est renforcé par le filet gros et court que nous avons vu lui être fourni par la branche inférieure du nerf moteur oculaire commun; les angles antérieurs donnent naissance chacun à un faisceau de nerfs qu'on appelle nerfs ciliaires.

Nerfs ciliaires.

Ils sont très-déliés et flexueux. Le faisceau supérieur se divise d'abord en trois nerfs, qui se bifurquent eux-mêmes pour former six filets qui marchent au dessus du nerf optique. Le faisceau inférieur situé au dessous du nerf optique se compose de six à huit branches à son origine. Presque toujours aussi, comme nous l'avons vu, trois nerfs ciliaires proviennent directement du nerf nasal, et l'un d'eux s'anastomose avec un filet du faisceau inférieur.

Les nerfs ciliaires accompagnent les artères et les veines ciliaires postérieures; deux nerfs ciliaires, un peu plus forts que les autres, accompagnent les deux artères et veines ciliaires longues. Ils percent tous la sclérotique, tout autour du nerf optique, à 4 ou 5 millimètres de son entrée dans le globe, s'aplatissent un peu, marchent entre la sclérotique et la choroïde pour gagner le cercle ciliaire, espèce de ganglion que nous étudierons, et qui ne paraît résulter que de l'assemblage des nerfs ciliaires. Enfin, du cercle ciliaire se détache une quantité de petits filets nerveux qui se répandent en rayonnant dans l'iris jusqu'au bord pupillaire. On leur donne quelquefois le nom de nerfs iriens.

Les nerfs ciliaires ont pour but : 1° de communiquer à l'iris la propriété de sentir l'impression de la lumière ; 2° de lui communiquer en même temps une propriété motrice, afin qu'il puisse modérer, par la contraction de la pupille, la plus ou moins grande intensité des rayons lumineux. Il est facile d'admettre et de comprendre cette propriété, si on réfléchit que chaque nerf ciliaire doit, d'après la texture du ganglion ophthalmique, être composé de fibres nerveuses sensitives, de fibres nerveuses motrices, et enfin de fibres nerveuses ganglionnaires. Aussi l'iris, qui reçoit à lui seul tous ces nerfs, sent-il et se meut-il sans l'intervention du cerveau et malgré même la volonté de ce dernier. Tout le monde sait, en effet, que la pupille se contracte ou se dilate suivant l'impression plus ou moins forte de la lumière, et que la volonté la plus ferme est incapable d'empêcher ces mouvements, pas plus qu'on ne peut arrêter les battements du cœur, pas plus qu'on ne peut arrêter le mouvement péristaltique des intestins, par la seule force de la volonté.

ARTÈRES DE L'ŒIL ET DE SES ANNEXES.

Artère ophthalmique.

L'artère ophthalmique, provenant de l'artère carotide interne, sort du crâne, pour entrer dans l'orbite, par le trou optique, en compagnie du nerf optique. Elle croise le nerf optique, marche, entre le muscle grand oblique et droit interne, à côté du nerf nasal, jusqu'à l'angle interne de l'orbite, où elle se termine en se divisant. Mais dès son entrée dans l'orbite, l'artère ophthalmique donne un certain nombre de branches qui sont :

Artère lacrymale.

Une des plus grosses de l'artère ophthalmique, elle naît de cette dernière immédiatement après son entrée dans l'orbite, et vient se ramifier dans la glande lacrymale, où elle apporte le sang nécessaire à la nutrition de cette glande et à la fabrication des larmes ; quelques rameaux néanmoins traversent la glande et vont se rendre, au périoste, au muscle droit externe, et principalement aux deux paupières, pour constituer les rameaux palpébraux externes inférieurs et supérieurs.

Artère centrale de la rétine.

Très-grêle, elle naît de l'ophthalmique peu après la lacrymale, perce l'enveloppe du nerf optique, marche dans son centre, entre avec lui dans le globe de l'œil, se ramifie dans la rétine et le corps vitré, envoie un rameau central très-menu qui traverse d'avant en arrière le corps vitré, et arrive jusqu'à la capsule postérieure du cristallin, où elle se termine.

Artère susorbitaire ou sourcillière.

Presque aussi grosse que l'artère lacrymale, elle naît de l'ophthalmique après la centrale de la rétine, marche sous la voûte orbitaire à côté du nerf frontal, et sort de l'orbite par le trou susorbitaire, en se partageant en deux branches qui se divisent à l'infini dans les muscles orbiculaire des paupières, sourcilier et frontal.

Artères ciliaires postérieures ou courtes.

Au nombre de trente environ, elles sont grêles et naissent de l'ophthalmique après la susorbitaire; elles entourent le nerf optique, et viennent percer la sclérotique à la partie postérieure de l'œil, à 3 à 5 millimètres de l'entrée du nerf optique dans le globe de l'œil. Elles se divisent en une infinité de rameaux, dont les uns s'anastomosent entre eux pour former la lame externe de la choroïde, et les autres vont se rendre aux procès ciliaires et à l'iris; quelques-uns de ces rameaux se jettent dans le grand cercle artériel de l'iris, et quelques autres s'anastomosent avec les ciliaires antérieurs.

Artères ciliaires longues.

Deux fois plus volumineuses que les ciliaires postérieures, et au nombre de deux seulement, elles naissent de l'ophthalmique immédiatement après ces dernières, se placent à droite et à gauche, à peu près sur le diamètre transversal de l'œil, et percent la sclérotique à 5 millimètres de l'entrée du nerf optique dans l'œil; elles marchent ensuite dans la même direction, entre la sclérotique et la choroïde, sans envoyer presque aucune ramification à ces dernières, et parviennent jusqu'au cercle ciliaire; là elles se divisent en deux branches symétriques qui font un demi-tour sur le cercle ciliaire, pour venir se rencontrer et s'anastomoser ensemble, de manière que par leur réunion elles font autour de l'iris un cercle artériel complet. De ce cercle il naît une quantité de petites artères qui forment, en dedans des premières, un second cercle artériel dans l'iris. De ce second cercle partent encore un très-grand nombre de petites artérioles qui vont, en rayonnant jusqu'au bord pupillaire de l'iris, former un troisième cercle artériel.

Artère musculaire supérieure.

De la grosseur de l'artère ciliaire longue, elle naît après elle de l'ophthalmique, et va se perdre dans les muscles droit supérieur, grand oblique, et élévateur de la paupière supérieure.

Artère musculaire inférieure.

Un tiers plus grosse que la supérieure, elle naît de l'ophthalmique, tantôt avant, tantôt après la précédente, et va se perdre dans les muscles droit inférieur, droit externe, droit interne, et petit oblique.

Artères ciliaires antérieures.

Ces petites artères, qu'on décrit à peine dans les livres d'anatomie, sont peut-être les plus utiles à connaître exactement pour la thérapeutique oculaire; et c'est parce qu'on ignore leur disposition, que souvent des yeux sont perdus, quand on aurait dû les sauver; aussi vais-je entrer dans quelques détails, pour faire comprendre aux personnes instruites qui me liront l'importance de la disposition de ces artères.

Elles sont ordinairement au nombre de quatre, et naissent le plus souvent des artères musculaires; elles marchent d'arrière en avant, entre la sclérotique et la conjonctive, ou même dans l'épaisseur de cette dernière, et arrivées à la partie antérieure du globe, elles se divisent 1° en branches externes qui se distribuent dans la conjonctive, la sclérotique et la cornée; 2° en branches internes qui percent la sclérotique à six millimètres de la cornée, et vont gagner la capsule antérieure du cristallin, en envoyant toutefois des ramuscules dans l'iris et la choroïde. Connaissant cette disposition, on comprendra le danger qu'il y a à introduire dans un œil frappé d'ophthalmie interne des médicaments astringents, et c'est à quoi on s'expose tous les jours, quand on fait usage des eaux débitées par les commères ou compères, sans avoir préalablement consulté un médecin versé dans l'étude des affections oculaires. Ainsi (*fig.* 17) supposons le tronc principal d'une artère ciliaire antérieure, charriant dans un temps donné une quantité de sang représentée par 4 ; il est évident que la branche interne et la branche externe, à volume égal, devront charrier chacune, dans le même temps, une quantité de sang représentée par 2. Mais si, (*fig.* 18) à l'aide de collyres et de pommades astringentes, vous faites coarcter, en un mot que vous obliteriez la branche externe, il sera encore évident que la branche interne, au lieu de charrier 2 de sang, devra en charrier 4, et il en résultera que les organes profonds auxquels cette branche interne se rend recevront une plus grande quantité de sang, et que, si déjà ils étaient congestionnés et enflammés, ils le deviendront encore davantage.

(Je pense que le lecteur me saura gré d'être entré dans ces détails, au sujet d'une disposition anatomique si importante à connaître dans le traitement des ophthalmies internes.)

Artère ethmoïdale postérieure.

Elle naît de l'ophthalmique à la hauteur de l'entrée du nerf optique dans la sclérotique, se dirige vers la paroi interne de l'orbite, et entre dans le conduit orbitaire interne postérieur, pour se distribuer en grande partie dans les fosses nasales.

Artère ethmoïdale antérieure.

Elle naît de l'ophthalmique, à la hauteur du diamètre transversal du globe de l'œil, et entre dans le conduit orbitaire interne antérieur, pour se distribuer comme la précédente dans les fosses nasales.

Artère palpébrale inférieure.

Elle naît de l'ophthalmique un peu en avant et en dedans de la poulie cartilagineuse du grand oblique, et va se distribuer à la paupière inférieure, au muscle orbiculaire, au sac lacrymal, à la caroncule lacrymale, aux glandes de meibomius, au cartilage tarse inférieur, et à la conjonctive.

Artère palpébrale supérieure.

Elle naît de l'ophthalmique à côté de la précédente, et se distribue de la même manière à la paupière supérieure et à la caroncule lacrymale.

Après avoir donné toutes ces branches, l'artère ophthalmique se termine hors de l'orbite, en fournissant l'artère nasale et l'artère frontale.

Artère nasale.

D'un volume variable, elle sort de l'orbite au dessus du tendon du muscle orbiculaire des paupières, et se distribue sur le dos du nez, dans les muscles voisins, et un peu au sac lacrymal.

Artère frontale.

Un peu moins grosse que la nasale, elle remonte sur le front, entre l'os frontal et le muscle orbiculaire des paupières, et se subdivise à l'infini dans la peau du front et les muscles sous-jacents.

L'artère ophthalmique envoyant, comme nous avons vu, une très-grande quantité de ramifications dans l'œil et ses annexes, est chargée d'apporter dans cet organe le sang rouge destiné à sa nutrition et à l'entretien de toutes ses parties propres et accessoires; sang rouge qui, après avoir servi à cet usage, devient noir et impropre à la vie, et est reporté aux poumons, pour être vivifié de nouveau, par les veines de l'œil dont nous allons aborder l'étude.

Veines de l'œil et de ses annexes.

Ces veines ayant toutes les mêmes rapports, les mêmes directions, le même nombre que les artères qu'elles accompagnent, il serait superflu de les décrire. Disons seulement qu'entre l'iris, le cercle ciliaire et la sclérotique, existe un sinus veineux circulaire très-étroit, qui porte le nom de canal de Fontana, assez difficile à voir chez l'homme, mais facile à voir sur un œil de bœuf, et dans lequel on peut introduire une soie de cochon. La veine ophthalmique résulte donc de la réunion de toutes les branches veineuses, lacrymale, ciliaires, musculaires, etc., et ne forme plus, à la partie postérieure de l'orbite, qu'un seul tronc qui passe par la fente sphénoïdale, pour aller se jeter dans le sinus caverneux.

La veine ophthalmique est chargée, comme nous l'avons déjà dit, de reporter aux poumons, pour être vivifié de nouveau, le sang devenu noir et impropre à la vie, après qu'il a servi à la nutrition de l'œil et de ses annexes, ou à l'élaboration de ses différents liquides ou humeurs.

Du globe de l'œil.

Le globe de l'œil est plus ou moins saillant, suivant les individus; mais il a toujours à peu près le même volume et la même forme. Cette forme est celle d'une sphère dont le diamètre antéro-postérieur aurait 2 millimètres de plus que que le diamètre transversal ou vertical. Ainsi :

Diamètre antéro-postérieur. . .	24 millimètres.
Diamètre transversal.	22 millimètres.
Diamètre vertical	22 millimètres.

Il pèse environ 6 grammes 50 centigrammes, dont :

Humeur aqueuse et vitrée ensemble. .	4—85
Cristallin	0—20
Membranes	1—45
	6—50

Quoique l'axe de l'orbite soit oblique d'arrière en avant et de dedans en dehors, l'axe de l'œil est parallèle à celui de l'œil du côté opposé : d'où il résulte que le nerf optique ne s'implante pas exactement au milieu de la partie postérieure de la sclérotique, mais passablement en dedans.

Sclérotique.

Cette membrane est encore un organe de protection, et ne sert ni à la vision ni à la réfraction. Elle est dure, opaque, fibreuse, d'un blanc nacré, plus épaisse postérieurement qu'antérieurement, où elle est néanmoins renforcée par l'expansion aponévrotique des quatre muscles droits. Son épaisseur est de 2 millimètres. En arrière et un peu en dedans, elle est percée d'une ouverture ronde, pour le passage du nerf optique. En avant elle présente une ouverture circulaire de 13 millimètres de diamètre, et dont les bords, taillés en biseau, reçoivent la cornée qui s'y enchâsse comme un verre de montre. La sclérotique a pour usage de contenir les humeurs et membranes minces de l'œil.

Cornée.

Cette membrane transparente, convexe, à peu près circulaire, constituant le cinquième antérieur de l'œil, un peu plus épaisse que la sclérotique, est enchâssée dans cette dernière comme nous venons de le voir, et semble être un segment de sphère plus petite et surajoutée à une plus grande. Son diamètre est de 13 millimètres. Les anatomistes ne sont pas d'accord sur la texture de la cornée; tout ce qu'on sait, c'est qu'on peut la diviser facilement en sept ou huit lames. Les vaisseaux et nerfs qu'elle contient sont tellement fins, qu'on ne peut les voir à l'œil nu, si ce n'est dans des cas pathologiques où ils prennent un développement considérable. La face antérieure de la cornée est recouverte par la conjonctive, qui est tellement transparente et adhérente, que plusieurs anatomistes ont voulu en nier l'existence. La face postérieure est doublée par la membrane de l'humeur aqueuse.

La cornée a pour usage de laisser passer les rayons lumineux, de les faire converger, et en même temps de contenir les humeurs de l'œil.

Choroïde.

Cette membrane essentiellement vasculaire, très-mince, molle et d'une couleur noire, est située entre la sclérotique et la rétine. Elle se compose de deux lames, dont l'extérieure est constituée par l'entrelacement à l'infini des artères ciliaires postérieures, et l'intérieur constitué par l'entrelacement à l'infini des veines ciliaires postérieures. Entre ces deux lames est le pigment qui donne à la choroïde sa coloration noire. En arrière, elle est percée d'un trou par le passage du nerf optique, et en avant, elle vient se terminer au cercle et aux procès ciliaires auxquels elle adhère fortement, ainsi qu'à l'iris, que quelques anatomistes considèrent comme son véritable prolongement.

La choroïde a pour usage d'absorber les rayons lumineux partis des différents objets, afin que la rétine qui lui est superposée puisse percevoir les images de ces objets. Si la choroïde n'était pas noire, et c'est ce qui arrive dans certaines maladies où elle a perdu son pigment, les rayons lumineux seraient réfléchis, et la rétine qui est transparente ne pourrait percevoir les images. Tout le monde sait en effet que les objets noirs absorbent les rayons lumineux ; car qui ne connaît cette expérience de Francklin, qui consiste à faire deux tas de neige par un jour de soleil, et à couvrir l'un d'un drap blanc et l'autre d'un drap noir. Le tas de neige recouvert du drap noir fond en très-peu de temps, tandis que le tas recouvert du drap blanc est presque encore intact; preuve évidente que les objets noirs absorbent les rayons lumineux.

Certains physiologistes ont voulu assigner à la choroïde un usage beaucoup plus noble, c'est-à-dire qu'ils ont prétendu que c'était elle qui percevait les images et non pas la rétine, et ils se sont fondés sur une expérience qui vient jusqu'à un certain point ajouter quelque poids à cette opinion. Cette expérience, la voici, et tout le monde pourra la répéter : Nous avons vu que la choroïde était percée d'un trou pour le passage du nerf optique qui s'épanouit au devant d'elle pour former la rétine; par conséquent, dans ce point la rétine n'est pas doublée par la choroïde. Or donc, sur un fond blanc, on place deux petites boulettes noires, ou sur un fond noir deux petites boulettes blanches, à une distance de environ

50 centimètres l'une de l'autre. On bouche, par exemple, l'œil gauche, et on approche l'œil droit de la boulette de gauche en la regardant fixement; malgré que l'on fixe parfaitement cette boulette de gauche, on aperçoit de même, quoiqu'indistinctement, la boulette de droite, mais enfin on la voit; eh bien, si, toujours en fixant la boulette de gauche, on se recule progressivement, il arrive un moment où la boulette de droite disparaît complètement. Il ne faut pas croire cependant que ce phénomène soit dû à l'éloignement, car, si on s'éloigne davantage, la boulette de droite apparaît de nouveau. Il est donc évident que la boulette de droite disparaît, quand les rayons lumineux qui en émanent viennent frapper le fond de l'œil juste à l'entrée du nerf optique, c'est-à-dire à l'endroit où la rétine n'est pas doublée par la choroïde. Alors les partisans de la propriété visuelle de la choroïde ont dit : Puisqu'où il n'y a pas de choroïde, il n'y a

pas de vision, il faut nécessairement que ce soit la choroïde qui reçoive les impressions des images et non pas la rétine. Mais si nous comparons la texture de la choroïde, qui est essentiellement vasculaire, à la texture de la rétine, qui est essentiellement nerveuse et cérébrale, il sera bien plus raisonnable d'admettre que c'est la rétine qui reçoit l'impression des images et non la choroïde; mais aussi empressons-nous de dire que sans le pigment de la choroïde la rétine ne peut pas percevoir les images, et c'est ce qui arrive dans le glaucôme, dans les hydropisies sous-rétiniennes, parce que, dans ces cas, la rétine n'est plus doublée par une surface noire. Il faut donc à la rétine le concours de la choroïde pour qu'il y ait production d'images.

Rétine.

La rétine, qui n'est, quoi qu'en disent certains anatomistes, que le prolongement et l'épanouissement du nerf optique, est située entre la choroïde et le corps vitré; c'est une membrane molle, pulpeuse, transparente, blanchâtre, extrêmement mince, et dont la terminaison en avant est encore un objet de dissidence, mais qui nous semble se faire à la zône de Zinn, à quelques millimètres du cristallin.

L'usage de la rétine est de percevoir les images des objets qui nous environnent, images qui sont transmises au cerveau par le nerf optique.

Cercle ciliaire.

C'est un ganglion nerveux circulaire, grisâtre, ayant 4 millimètres de largeur, situé entre la choroïde, l'iris et la sclérotique, et qui résulte, comme nous l'avons dit, du rassemblement des nerfs ciliaires. Sa grande circonférence tient à la choroïde et reçoit les nerfs ciliaires; sa petite circonférence donne attache à l'iris et envoie à cette membrane les nerfs iriens. Sa face postérieure repose sur les procès ciliaires.

L'usage physiologique du cercle ciliaire est inconnu.

Iris.

C'est une membrane placée verticalement entre les deux chambres de l'œil, et percée à son centre d'une ouverture appelée pupille, pour le passage de la lumière. Que l'iris, suivant les uns, ne soit qu'un tissu érectile; que suivant les autres, et c'est ce qu'il y a de plus vraisemblable, il soit composé de fibres musculaires radiées, et de fibres musculaires circulaires; toujours est-il qu'il jouit d'une propriété contractile, et qu'il peut augmenter ou diminuer par ses contractions l'ouverture de la pupille, suivant l'intensité lumineuse. L'iris, comme on le sait, est d'une couleur qui varie suivant les individus; il peut être noir, bleu, brun, roux, etc. Sa face antérieure est recouverte par la membrane de l'humeur aqueuse, sa face postérieure est recouverte d'une membrane mince, qu'on appelle uvée, qui est enduite d'un pigment noir comme la choroïde, et se continue avec celui de la choroïde à travers les procès ciliaires.

L'usage de l'iris est de laisser entrer dans l'œil un plus ou moins grand nombre de rayons lumineux, suivant l'intensité de la lumière, et d'empêcher l'aberration de sphéricité en interceptant les rayons lumineux marginaux. Il suffira qu'on se reporte aux figures 15 et 16 et à leur explication, pour comprendre que l'iris a véritablement pour but d'empêcher l'aberration de sphéricité. L'iris reçoit, comme nous l'avons vu plus haut, une très-grande quantité de nerfs et de vaisseaux; nous ne reviendrons pas sur leur disposition, mais nous allons nous arrêter un instant sur la propriété que possède oui ou non cet organe d'agir, d'après ou sans l'intermédiaire du cerveau, d'après ou sans l'incitation de la rétine.

On admet généralement que la rétine, recevant une trop grande quantité de lumière, porte cette impression au cerveau, qui commande à l'iris de contracter la pupille. Eh bien, moi, je pense que l'iris peut sentir seul ce qu'il faut qu'il laisse passer de lumière, et par conséquent de combien il doit augmenter ou diminuer l'ouverture pupillaire. Pour comprendre cette idée, rappelons-nous que les nerfs iriens peuvent être considérés comme renfermant une fibre nerveuse ganglionnaire, une fibre nerveuse sensitive, une fibre nerveuse motrice.

Si la pupille se dilatait par l'impression que reçoit la rétine de l'obscurité, comment se fait-il donc que la pupille conserve sa grandeur naturelle et ne se dilate pas dans la cataracte complète, où la rétine ne reçoit plus la lumière, dans certaines hydropisies, dans certains glaucomes, dans certaines amauroses même, toutes affections où il y a cécité, et dans lesquelles néanmoins l'iris peut quelquefois conserver sa mobilité? Dans la mydriase simple, où il y a dilatation énorme de la pupille, cette dilatation dépend-elle d'une diminution dans la faculté visuelle de la rétine? Non; car en plaçant devant l'œil une carte noire percée d'un petit trou, il récupère à peu près une vue normale : c'était tout simplement une aberration de sphéricité produite par cette grande dilatation pupillaire; et cette dilatation n'avait pas pour cause une diminution de sensibilité de la rétine, mais une affection des nerfs ciliaires ou du ganglion ophthalmique. Croira-t-on aussi que la dilatation qu'on obtient par la belladone dépend d'un affaiblissement de la rétine par l'effet stupéfiant de cette plante? Non encore; car l'éblouissement qu'on éprouve dans ce cas dépend de l'aberration de sphéricité, et l'œil voit mieux avec la carte noire percée d'un petit trou. Si la belladone ne dilatait la pupille qu'en diminuant la sensibilité de la rétine, comment par son usage rendrait-on la vue à des aveugles qui portent des taches opaques sur la cornée, juste en face la pupille?

Il est donc démontré, à mes yeux, que l'iris a pour but spécial d'empêcher l'aberration de sphéricité; qu'il peut sentir l'impression de la lumière comme sensation, et se mouvoir sans le commandement du cerveau et l'intermédiaire de la rétine.

Procès ciliaires, ou corps ciliaire.

Les procès ciliaires sont de petites dentelures saillantes, vasculo-membraneuses, placées derrière le cercle ciliaire, au nombre de soixante, et entourant le cristallin comme d'une couronne. Chaque procès ciliaire est pâle, mince, et allongé en arrière, plus gros, plus blanc et saillant en avant comme un éperon. L'intervalle existant entre chaque procès ciliaire est rempli de pigment noir, comme la choroïde.

L'usage des procès ciliaires est de maintenir le cristallin en place, et de l'empêcher de se luxer dans les différentes compressions qu'éprouve le globe de l'œil pour s'accommoder aux différentes distances.

Humeur aqueuse et sa membrane.

L'humeur aqueuse est ce liquide limpide, transparent comme de l'eau, que l'on trouve dans la chambre antérieure et la chambre postérieure de l'œil. La chambre antérieure est l'espace compris entre la cornée et l'iris. L'humeur aqueuse est sécrétée par une membrane très-mince, de nature séreuse, qui tapisse la face interne de la cornée et la face antérieure de l'iris; du moins on n'a pu la poursuivre plus loin. Cette membrane, qui porte le nom de membrane de Zinn, de Descennet, ou de Demours, qui s'en disputaient la découverte il y a bientôt un siècle, est néanmoins décrite par Ali-Ben-Isa, oculiste arabe, qui vécut à Bagdad dans le IXe siècle, et qui lui-même ne la décrit pas comme l'ayant vue le premier, ce qui permet de croire qu'on la connaissait déjà avant lui. Cette membrane joue un grand rôle dans certaines inflammations oculaires internes, et c'est probablement elle qui sécrète l'humeur aqueuse.

La chambre postérieure est excessivement petite, et est constituée par l'espace compris entre le cristallin et l'iris. La plupart des anatomistes, même modernes, nient l'existence de cette chambre; mais ils ne parleraient point ainsi, s'ils avaient fait une étude profonde des maladies des yeux. Ainsi les oculistes ont vu que plus une cataracte était dure, plus elle était petite; que plus elle était molle plus elle était volumineuse; et ceux qui font souvent cette opération peuvent vérifier le fait par l'autopsie; car l'opération de la cataracte est une autopsie vivante (qu'on me passe le mot). Eh bien ! par une observation appliquée, on est parvenu à connaître, rien que par la vue et avant d'y toucher, qu'une cataracte était dure ou molle, et cela par l'ombre que projette l'iris sur l'opacité de la cataracte. En effet, plus l'ombre projetée est grande, plus la cataracte est petite, et par conséquent dure, et *vice versâ*. Or, c'est un fait physique et incontestable, que pour qu'un écran projette une ombre sur un corps opaque, il faut qu'il en soit éloigné, et que plus il en est éloigné, plus l'ombre s'agrandit. Il résulte donc que, puisqu'on voit une ombre projetée sur le cristallin dans le cas de cataracte, c'est qu'il existe un intervalle entre l'iris qui projette l'ombre et le cristallin qui la reçoit. Donc la chambre postérieure existe évidemment.

L'humeur aqueuse a pour usage de ramener

au parallélisme les rayons lumineux qui convergent après leur passage à travers la cornée.

Cristallin et sa capsule.

Le cristallin est un corps transparent de forme lenticulaire, mais dont la face postérieure est plus convexe que la face antérieure, disposition qui, d'après Herschel, diminue l'aberration de sphéricité. Il est placé entre l'humeur aqueuse et le corps vitré, dans un enfoncement que présente ce dernier, à la réunion du tiers antérieur de l'œil avec les deux tiers postérieurs. Son diamètre est de 9 millimètres et son axe qui correspond au centre de la pupille est de 4 millimètres. Sa consistance est assez ferme et plus forte au centre qu'à la périphérie, ce qui est encore une disposition qui diminue l'aberration de sphéricité. Il est composé de couches superposées comme les couches d'un oignon, et au centre on trouve un petit noyau assez dur.

Il est complètement transparent, chez l'adulte, mais il prend une teinte ambrée plus ou moins prononcée chez les vieillards.

Le cristallin est enfermé dans une membrane qui porte le nom de capsule du cristallin. Cette capsule est mince postérieurement, et un peu plus épaisse antérieurement. Entr'elle et le cristallin, on rencontre un liquide transparent, un peu visqueux et peu abondant; c'est l'humeur de Morgagni. La circonférence de la capsule du cristallin est reçue dans le dédoublement de la membrane hyaloïde qui se confond avec elle. Elle est encore fixée par de petits filaments qui partent de l'intervalle des procès ciliaires.

Le cristallin a pour usage de faire converger les rayons lumineux qui le traversent.

Humeur vitrée et sa membrane.

L'humeur vitrée occupe les trois quarts postérieurs de la cavité du globe de l'œil; elle est transparente et d'une consistance gélatineuse. Sa forme est à peu près sphérique, mais présentant en avant une cavité pour loger le cristallin, comme nous l'avons vu. Elle est renfermée dans une membrane très-mince et transparente, qu'on appelle membrane hyaloïde, qui est divisée en une quantité de cellules communiquant toutes les unes avec les autres. En arrière, à l'entrée du nerf optique, la membrane hyaloïde se réfléchit sur elle-même pour former un canal qui traverse l'humeur vitrée directement d'arrière en avant, et dans lequel se trouve la branche de l'artère centrale de la rétine qui se rend à la face postérieure de la capsule du cristallin. En avant elle se dédouble, pour s'unir et enchâsser pour ainsi dire la circonférence de la capsule du cristallin, avec laquelle elle se confond. De l'écartement constitué par ce dédoublement, résulte un canal qui entoure le cristallin, que l'on démontre par l'insufflation, et qui a reçu le nom de canal de

Petit, son inventeur, ou de canal godronné à cause de sa ressemblance avec certaines collerettes. L'humeur vitrée et sa membrane ensemble ont reçu le nom de corps vitré. La rétine l'enveloppe sans qu'il y ait d'adhérences.

Le corps vitré, étant moins dense que le cristallin, fera encore converger les rayons lumineux, de manière qu'ils viennent faire leur réunion sur la rétine.

Zône de Zinn.

La zône de Zinn est cette couronne de lignes radiées noires qui entourent le cristallin, et qui sont comme collées sur la membrane hyaloïde et la rétine. Ces lignes correspondent exactement à l'intervalle des procès ciliaires, et ne sont qu'un dépôt du pigment noir qui se trouve dans cet intervalle.

Tache jaune et trou de Sœmmering.

La tache jaune de Sœmmering est large d'environ 2 millimètres; elle est ronde et située sur la rétine, en dehors du nerf optique, à environ quatre millimètres, et juste dans la direction de l'axe de l'œil. Elle est comme plissée et présente à son centre un tout petit trou qui porte aussi le nom de trou de Sœmmering. L'usage de cette tache et de ce trou est inconnu. Ils n'existent que sur l'homme et les singes.

Comment l'homme du monde qui veut avoir une idée de l'œil humain peut se servir des yeux de certains animaux.

Il est facile à un homme du monde qui veut avoir une idée de la construction de l'œil humain, d'arriver à ce but à l'aide d'un œil de bœuf par exemple; je parle seulement du globe, car il en est autrement pour les annexes.

On prend un œil de bœuf, on le nettoye parfaitement, à l'aide de ciseaux, des portions de graisse, muscle et conjonctive qui y adhéraient. On s'arme d'un scalpel ou tout simplement d'un canif; avec la pointe de cet instrument, on incise, couche par couche, très-légèrement, et en grattant, un point de la sclérotique situé sur son diamètre transversal. Il faut une grande précaution pour ne pas percer la choroïde en même temps; par conséquent, on va de plus en plus légèrement, et quand on voit au fond de la petite incision une coloration noire, on prend alors un chalumeau, ou un tuyau de plume, ou de paille, et on tâche d'introduire de l'air par l'insufflation entre la sclérotique et la choroïde. L'air ainsi introduit produit un écartement entre la sclérotique et la choroïde, et on agrandit un peu l'ouverture avec la pointe du canif; on souffle de nouveau et on se sert de ciseaux pour continuer la section de la sclérotique; en ayant soin de n'aller qu'à très-petits coups, et d'insuffler souvent de l'air en avant de la marche des ciseaux. On continue ainsi jusqu'à ce qu'on ait incisé circulairement toute la sclérotique. Alors on retrousse chaque segment et on voit très-bien la choroïde. Avec le dos du canif, et à petits coups, on détache la choroïde du cercle ciliaire et de l'iris, et on aperçoit les procès ciliaires appliqués sur le cercle ciliaire. Avec des pinces, on enlève délicatement la choroïde, qui se déchire aisément et laisse voir la rétine. Pour voir le canal godronné, on fait avec le canif une ponction à un millimètre de la circonférence du cristallin, on introduit le chalumeau par l'ouverture, et en soufflant, le canal godronné apparaît. (Une fois la sclérotique incisée, le reste se fait dans une assiette à demi pleine d'eau, sans quoi le poids de l'humeur vitrée pourrait rompre la rétine et la choroïde). Pour voir l'humeur de Morgagni, on fait sur la face antérieure de la capsule du cristallin une petite incision; il s'en écoule une ou deux gouttes de liquide, et pour peu qu'on presse, le cristallin sort de sa capsule en agrandissant l'incision.

Du reste, pour bien voir toutes les parties qui constituent le globe de l'œil, il faut en avoir plusieurs à sa disposition, et sacrifier telle ou telle partie, pour rendre telle ou telle autre plus évidente.

Quant aux annexes de l'œil, surtout les nerfs et les vaisseaux, l'étude en serait difficile pour l'homme du monde, à cause de la quantité de graisse qui environne ces parties chez les animaux fortement engraissés pour notre alimentation; et il sera tout aussi bon et moins répugnant pour lui de consulter les planches de Zinn, ou de Sœmmering, ou d'Arnold, ou de Cloquet, ou de Bourgery, etc; mais ce que nous recommandons surtout aux gens du monde, et ce qui peut leur donner une idée tout-à-fait précise pour eux, de l'organisation et de la disposition de l'œil et de ses annexes, c'est l'œil artificiel *monstre* du docteur Auzoux, œil qui se démonte en plusieurs pièces, et permet de faire une espèce de dissection sans répugnance, puisque c'est un assemblage de verres, de fils de fer, de carton pâte, etc.

Néanmoins, pour les personnes amateurs de la science, nous dirons : qu'en enlevant avec précaution, à l'aide d'une petite scie, d'un ciseau et d'un marteau, la paroi supérieure de l'orbite, on pourra étudier dans l'ordre de leur description les muscles, nerfs et artères de l'œil; mais il est indispensable que ces dernières soient injectées par la carotide interne. Pour bien trouver, il est bon d'étudier sur un sujet les muscles, et c'est chose très-facile. (Remarquons en passant que chez les animaux, comme le bœuf, on trouvera outre les muscles semblables à ceux de l'homme, un autre muscle dont l'action peut être comparée à celle des quatre muscles droits réunis, c'est le muscle pyramidal ou sclérotidien; il est situé au dessous des quatre muscles droits, a la même insertion, enveloppe complètement le nerf optique et la moitié postérieure de la sclérotique à laquelle il se termine). Après les muscles, sur un second sujet, on étudie les nerfs; mais il faudra une patience consommée pour ne pas couper les petits filets. Enfin, sur un troisième sujet, on étudiera les artères.

(Une chose que nous n'avons pas mentionnée, c'est que lorsqu'on étudiera l'œil de bœuf, on trouvera la partie interne de la surface oculaire de la choroïde, offrant une coloration bleue verdâtre nacrée; c'est ce qu'on appelle la membrane du tapis, qui n'existe pas chez l'homme. On ne connaît pas l'usage de cette coloration chez les animaux; mais il ne serait pas irraisonnable d'admettre que cette portion de l'œil des animaux serait impropre à la vision, et aurait pour but, surtout la nuit, de réfléchir sur le côté externe de la rétine les images, qui seraient alors plus brillantes et plus étendues que dans l'œil humain.)

Marche d'un faisceau lumineux dans les milieux réfringents de l'œil.

Si on se rappelle les phénomèmes d'optique étudiés au commencement de ce livre, et en même temps la disposition et la densité plus ou moins grande des différents milieux refringents de l'œil, on comprendra facilement quelle modification sera éprouvée par la lumière qui les traverse. Pour plus de simplicité, prenons un simple faisceau lumineux. Soit (*fig.* 19) un point lumineux O envoyant un faisceau de lumière : les rayons 03 et 04, après leur passage dans la cornée et l'humeur aqueuse, rencontrant l'iris CC qui les arrête pour empêcher l'aberration de sphéricité qu'ils produiraient, nous n'avons pas besoin de nous en occuper davantage. Quand au rayon central 01, qui rencontre tous les milieux de l'œil perpendiculairement, il ne subira aucune réfraction. Occupons-nous donc des rayons O2.

Ces rayons, passant à travers la cornée AA, éprouvent une réfraction qui les fait converger; mais, en sortant de la face concave de la cornée, ils passent dans l'humeur aqueuse qui est moins dense; il en résulte qu'ils prennent une direction parallèle entr'eux, et c'est dans ce parallélisme qu'ils viennent rencontrer le cristallin DD; le cristallin étant plus dense que l'humeur aqueuse et ayant en outre une forme lenticulaire, ils convergent; en sortant du cristallin, ils rencontrent l'humeur vitrée EE, qui est moins dense; mais nous savons que les rayons lumineux, qui sortent d'une lentille biconvexe, pour passer dans un milieu moins dense, convergent de nouveau : ils continueront donc à converger et viendront avec le rayon O1 se réunir en F sur la rétine, et y peindre l'image exacte du point lumineux O.

Marche de plusieurs faisceaux lumineux partis d'un objet offrant une certaine étendue.

Nous n'avons considéré jusqu'à présent la lumière que sous la forme d'un simple point lumineux sans étendue; étudions actuellement comment elle se comporte, quand elle vient d'un objet offrant une certaine étendue. Qu'on se rappelle le passage des rayons lumineux dans la chambre noire (*fig.* 12, 13 et 14), et leur modification par les corps transparents plus denses que l'air : on peut très-bien admettre que l'œil est une véritable chambre noire dont l'ouverture est la pupille; la cornée, l'humeur aqueuse, le cristallin et l'humeur vitrée, les milieux réfringents qui doivent faire converger chaque faisceau lumineux en un point; et la rétine, l'écran sur lequel ira se peindre l'image de chaque point lumineux. Par conséquent, chaque point lumineux d'un objet ira faire son image sur un point correspondant de la rétine, et la réunion de toutes les images de chaque point lumineux de l'objet constituera l'image entière qui sera représentée sur la rétine, mais à l'envers.

Ainsi (*fig.* 20), le faisceau lumineux parti de A ira faire son image sur la rétine en A', le faisceau B en B', le faisceau central O en O', et chaque faisceau intermédiaire à OA et à OB ira faire son image dans un point correspondant de O'A' et de O'B'; par conséquent l'image de la flèche AB sera représentée renversée sur la rétine en A'B'. Comment se fait-il cependant que, malgré que les objets soient peints renversés sur la rétine, nous les voyons droits?

D'abord, qui pourrait prouver que dans le cerveau il ne se fait pas un second renversement qui redresse les objets? Mais sans admettre cette hypothèse, on peut bien admettre que l'âme, qui connaît la manière d'agir de son serviteur la rétine, remette les objets à leur place sans jamais se tromper. Au reste, je vais faire mieux comprendre ce mode d'action de l'âme, à l'aide d'une comparaison qui, quoique grossière, en donnera une idée assez juste.

Ainsi, supposons qu'un général d'armée ait à ses avant-postes une tour (*fig.* 21) dans laquelle il y ait deux chambres. Cette tour ne peut être attaquée que par deux chemins, A et B. Chaque chambre a une croisée obliquement percée, de manière qu'une sentinelle, *Pierre*, qui est dans la chambre gauche, ne puisse voir que ce qui se passe sur le chemin de droite B, et qu'une autre sentinelle, *Simon*, qui est dans la chambre droite, ne puisse voir que ce qui se passe sur le chemin de gauche A. Le général est dans sa tente assez loin de la tour ; mais, ce qui est important, il connaît parfaitement la disposition de cette tour. Si donc on vient dire au général que Simon, qui est à droite, voit venir l'ennemi s'avancer, c'est à gauche que le général enverra ses forces à la rencontre de l'ennemi.

Or, si on compare la tour à l'œil, et le général à l'âme, on pourra, je pense, comprendre facilement comment la rétine voit les objets renversés, et comment néanmoins l'âme les voit droits.

Si la théorie nous fait comprendre que les images sont peintes renversées sur la rétine, l'expérience vient confirmer ce fait d'une manière irrécusable. Que l'on prenne un œil de bœuf, par exemple, qu'on enlève à sa partie postérieure un segment de sclérotique, choroïde et rétine, de manière à mettre à nu une portion du corps vitré, en face l'ouverture pupillaire; qu'on colle dessus un morceau de papier huilé qui empêchera l'humeur vitrée de sortir, tout en conservant à l'ouverture une certaine transparence; que l'on place devant la cornée une bougie allumée, et que derrière le papier huilé on mette un écran ou un morceau de papier blanc, on aura sur ce dernier une image renversée de la bougie. Cette expérience doit se faire la nuit, sans qu'il y ait d'autre bougie allumée que celle qui est en face la cornée.

Vue normale et accommodement de l'œil aux différentes distances.

Pour que l'œil perçoive distinctement un objet, il faut que chaque faisceau lumineux vienne faire sa convergence exactement sur la rétine ; ainsi (*fig.* 19), le point lumineux O, faisant sa convergence en F, exactement sur la rétine, sera perçu distinctement par elle. Mais comment expliquer que le même œil puisse voir distinctement un objet à un mètre, par exemple, et le voir aussi distinctement à deux et trois mètres? Il faut nécessairement que l'appareil optique éprouve des modifications, car on doit se rappeler que, plus un objet est loin, plus les rayons qui en partent s'approchent du parallélisme en entrant dans l'œil, et plus tôt aussi ils convergent; et que, plus un objet est rapproché, plus les rayons divergent en entrant dans l'œil, et plus tard aussi ils convergeront. Il y a certainement dans ce cas un changement dans les milieux réfringents de l'œil et presque tous les physiologistes sont parfaitement d'accord sur l'existence de ce changement, mais ils sont complétement en désaccord sur sa nature. Ainsi, sans fatiguer le lecteur par la longue énumération des différentes opinions, citons seulement l'opinion de ceux qui veulent que ce soit le cristallin qui se meuve dans l'accommodement de l'œil aux différentes distances; l'opinion de ceux qui veulent que ce soit la pupille qui change la portée de la vue par sa contraction ou sa dilatation.

Ces opinions sont faciles à combattre, quand on sait que les personnes qui ont subi l'opération de la cataracte, et qui, par conséquent, n'ont plus de cristallin, peuvent encore accommoder leur vue aux différentes distances, et quand on sait encore que les personnes qui ont une pupille immobile, soit par adhérences, soit par paralysie de liris, peuvent néanmoins accommoder aussi leur vue aux différentes distances. Reste l'explication du phénomène de l'accommodement, par la contraction musculaire, et c'est l'hypothèse la plus logique. En effet, en se rappelant la disposition des quatre muscles droits, qu'on suppose que ces quatre muscles se contractent ensemble ; il en résultera évidemment un applatissement de l'œil, c'est-à-dire une diminution dans son diamètre antéro-postérieur ; l'œil sera donc moins convexe, par conséquent moins réfringent, et c'est précisément la modification qu'il éprouvera pour regarder les objets lointains dont les rayons sont presque parallèles. En se rappellant la disposition des deux muscles obliques, qu'on suppose que ces deux muscles se contractent en même temps, il en résultera évidemment une augmentation du diamètre antéro-postérieur ; l'œil sera donc plus convexe, par conséquent plus réfringent, et c'est précisément la modification qu'il éprouvera pour regarder les objets voisins dont les rayons lumineux divergent beaucoup.

Ainsi, moi, qui ai une vue ordinaire, je fixe, je suppose, un objet à deux mètres, et je le vois distinctement; je le fixe ensuite à trois mètres; je le vois encore distinctement; mais les quatre muscles droits ont par leur contraction diminué la propriété réfringente de mon œil. Je fixe l'objet à un mètre; je le vois encore distinctement; mais les deux muscles obliques ont par leur contraction augmenté la propriété réfringente de mon œil; et finalement je vois aussi distinctement l'objet à un mètre, à deux mètres, et à trois mètres.

Voici ce qui constitue une vue normale ou ordinaire; mais il existe un certain nombre de personnes dont les yeux, malgré les efforts musculaires, ne peuvent s'accommoder aux différentes distances, et c'est cet état anormal qui constitue la presbyopie et la myopie, dont nous allons nous occuper.

Presbyopie ou vue longue.

La vue presbyte, qui porte ce nom parce que c'est ordinairement l'apanage des vieillards, est celle où l'œil n'est pas assez réfringent, et où, malgré tous les efforts des deux muscles obliques, on ne peut voir distinctement les objets rapprochés. Ainsi (*fig.* 22), CC est la partie antérieure d'un œil presbyte; RR la rétine, et O un point lumineux ou éclairé, trop rapproché de l'œil eu égard à la diminution de sa force réfringente; il arrivera alors que le faisceau lumineux OII, au lieu de converger sur la rétine, convergera derrière fictivement en O', et que, rencontrant la rétine en I'I', avant sa réunion, il produira une image diffuse du point O en I'I'. Par conséquent, dans ce cas, l'œil presbyte ne verra le point O que très-confusément, et, pour le voir plus distinctement, il éloignera le point O, afin que les rayons qui en partent se rapprochent assez du parallélisme pour venir converger sur la rétine et y produire une image distincte; mais ceci est bon pour des gros objets qui enverront toujours, quoiqu'éloignés, une assez grande quantité de rayons lumineux pour être vus; tandis que si on éloigne trop des objets très-petits déjà, comme les caractères d'imprimerie, par exemple, ils n'enverront plus assez de lumière, et l'œil presbyte ne les verra pas mieux de loin que de près. Heureusement qu'on peut obvier à cet inconvénient, en plaçant au devant de l'œil presbyte un verre biconvexe qui redonne aux rayons lumineux la convergence qui leur manque. Ainsi soit (*fig.* 23) un œil presbyte disposé comme à la fig. 22; en plaçant au devant de lui un verre convexe convenable, on réunira le faisceau lumineux sur la rétine, et la vue sera aussi distincte que dans un œil ordinaire.

Myopie ou vue courte.

La vue myope est celle où les humeurs de l'œil sont trop réfringentes, et où, malgré tous les efforts des muscles droits, on ne peut voir distinctement les objets éloignés. Ainsi (*fig.* 24) CC est la partie antérieure d'un œil myope, RR la rétine, et O un point lumineux ou éclairé trop éloigné de l'œil, eu égard à l'augmentation de sa force réfringente; il arrivera alors que le faisceau OII, au lieu de converger sur la rétine, convergera en avant en O', et comme, après leur convergence, les rayons lumineux continueront leur chemin, ils s'étaleront sur la rétine en I'I' et produiront une image diffuse en I'I'; par conséquent dans ce cas l'œil myope ne verra le point O que très-confusément, et pour le voir plus distinctement, il approchera le point O afin que les rayons qui en partent divergent assez, avant d'entrer dans l'œil, pour qu'ils viennent converger exactement sur la rétine et y produire une image distincte. Mais ceci est bon pour des objets très-petits, dont presque tous les rayons lumineux peuvent pénétrer par la pupille, quoique très-rapprochés; mais on comprendra que d'un objet volumineux placé très-près de l'œil, il ne peut entrer à la fois dans ce dernier qu'une très-petite quantité de rayons lumineux provenant d'une très-petite portion de l'objet; alors on obviera à cet inconvénient en plaçant devant l'œil myope un verre concave, qui augmentera la divergence des rayons lumineux avant leur entrée dans l'œil. Ainsi soit (*fig.* 25) un œil myope disposé comme à la fig. 24; en plaçant au devant de lui un verre concave convenable, on réunira le faisceau lumineux sur la rétine et la vue sera aussi distincte que dans un œil ordinaire.

L'étude de la presbyopie et de la myopie nous conduit tout naturellement à celle des lunettes, instruments qui peuvent remédier à ces deux états anormaux des humeurs réfringentes de l'œil; c'est donc à dessein que nous avons traité si brièvement de la presbyopie et de la myopie, puisque nous sommes obligés d'y revenir en parlant des lunettes. Mais comme, d'un autre côté, l'emploi des lunettes peut être considéré comme un emploi hygiénique, nous renvoyons leur étude dans la partie hygiénique. Au reste, comme nous en faisons un chapitre séparé, le lecteur sera libre de les étudier actuellement ou après l'hygiène.

Appréciation des distances.

La faculté que possède l'œil de pouvoir apprécier les distances qui le séparent des objets, n'est pas une faculté innée; elle ne s'acquiert que par l'habitude et la comparaison. Voyez l'enfant de quelques mois : il tend les bras pour toucher aussi bien les objets lointains que les objets proches; mais l'enfant ne peut pas vous rendre compte, à vous observateur, de ce qu'il éprouve; tandis que si vous examinez un aveugle-né, auquel on vient de rendre la vue à l'instant même par une opération, voici ce que vous remarquerez : Cet homme, qui n'avait antérieurement aucune idée de la vision, ne pourra exprimer autrement sa pensée sur l'impression qu'il ressent, qu'en disant que tous les objets situés au devant de ses yeux le touchent à la fois; il est comme hébêté par cette espèce d'attouchement multiple, mais peu à peu cependant il s'aperçoit que la sensation qu'il éprouve de cette espèce de toucher n'est pas la même que celle qu'il éprouvait, quand certains objets touchaient réellement sa peau; alors il se plait à contempler ce spectacle si nouveau pour lui; mais tout ce qu'il regarde lui paraît être sur le même plan, et il cherchera aussi bien à toucher la lune avec ses mains que les objets qui sont à sa portée. Cependant, à force de commettre des erreurs il modifie son jugement, et son éducation visuelle se fait beaucoup plus vite que celle du jeune enfant dont l'intelligence n'est point encore assez développée.

Comme nous savons que plus un objet est loin, moins il envoie de rayons lumineux, et plus par conséquent il nous paraît petit, c'est par la diminution apparente d'un objet que nous pouvons en apprécier la distance. Mais nous sommes exposés sans cesse à des erreurs sans nombre, et elles seraient encore plus fréquentes si nous n'avions des points de comparaison. Comment en effet un marin juge-t-il de l'éloignement et de la force d'un navire? C'est par l'analyse de ses formes comparées à la grandeur de l'image qu'il produit sur la rétine. Ainsi il reconnaîtra qu'un vaisseau a trois ponts, par exemple, est à telle distance, par le fait même de l'existence de ses trois ponts, de sa mâture, etc. (disposition que l'on sait être donnée seulement à des navires d'une grosseur connue), comparée à l'étendue de l'image qu'il produit sur la rétine. Mais supposons que l'on ait fait construire un navire également à trois ponts, même mâture, etc., et qu'on ne lui ait donné que la moitié de la grosseur d'un navire à trois ponts ordinaire, proportion gardée entre tous ses éléments; qu'en résultera-t-il? C'est que le marin, qui verra ce navire à deux lieues, le supposera à quatre lieues. Bien entendu que l'erreur cessera quand ce navire sera vu d'assez près, parce qu'alors on pourra établir des comparaisons entre le navire et les hommes placés sur le pont; mais l'erreur durerait bien plus long-temps, si ces hommes étaient des nains qui n'eussent que la moitié de la taille d'un homme ordinaire, et dans ce cas le marin ne reconnaîtrait qu'il s'est trompé, que lorsque ce navire serait assez proche pour que la vision distincte pût s'exercer, et qu'il pût, lui marin, établir des comparaisons visuelles entre le navire qu'il monte et celui qu'il examine.

Ainsi les distances ne sont appréciées par l'œil que très-approximativement ; mais elles le sont d'autant plus facilement, que l'objet est plus proche, qu'il a des formes connues, qu'il est accompagné par des objets connus, et que entre lui et l'œil il existe divers objets également connus.

Idiophotopsie.

Je désignerai, sous le nom d'idiophotopsie, la propriété qu'a l'œil d'apercevoir de la lumière dégagée par lui-même, quand on le met dans certaines circonstances. Ainsi tout le monde sait qu'en fermant un œil et en le pressant avec le doigt, on voit apparaître un cercle lumineux du côté opposé à la pression, et que la lumière de ce cercle est d'autant plus vive qu'on est plongé dans une obscurité plus complète. Tous les physiologistes ont attribué ce phénomène à la compression médiate de la rétine par le doigt. J'avouerai que cette explication ne m'a jamais satisfait. Comment admettre, en effet, qu'un corps destiné à la perception de la lumière, puisse lui-même émettre de la lumière que lui-même percevrait encore? Finalement, en me servant de termes plus vulgaire, comment admettre que ce corps puisse faire sortir de la lumière et la faire rentrer du même coup en lui-même pour en ressentir l'impression? Ceci me paraît tout-à-fait contraire aux lois de la physique et de la nature. Je devais donc chercher une autre explication plus rationnelle de ce phénomène. Je commence par déclarer que je n'ai pas eu besoin de me torturer l'esprit, pour arriver au résultat suivant, et que je suis étonné que la même idée ne soit pas venue à d'autres avant moi.

Si on examine la nature de la lumière produite par la compression de l'œil, on verra qu'elle a la forme d'un cercle creux dont le diamètre est un peu plus grand que le diamètre de l'iris;

que le centre est occupé par un cercle noir plein, d'un diamètre égal à celui de l'iris, et que la largeur de la zône circulaire lumineuse paraît égale à la largeur du cercle ciliaire. Je pense donc et je suis même convaincu que ce cercle lumineux est le résultat de la pression du cercle ciliaire, qui est un tissu serré de nerfs de trois ordres, moteurs, sensitifs, ganglionnaires; et que le cercle noir central est le résultat de l'absence de la lumière dans l'espace occupé par l'iris, dont la face postérieure est, comme on sait, enduite d'un pigment noir.

Vue simple avec les deux yeux.

Le phénomène de l'idiophotopsie va venir à notre aide, pour nous faire comprendre comment on voit les objets simples avec les deux yeux à la fois.

1° Si on comprime en même temps les deux yeux en dedans, on aperçoit deux cercles lumineux, un en dehors de chaque œil, vers la tempe du même côté;

2° Si on comprime en même temps les deux yeux en dehors, on aperçoit deux cercles lumineux, un en dedans de chaque œil, vers la tempe opposée;

3° Si on comprime en même temps les deux yeux en haut, on n'aperçoit qu'un seul cercle lumineux, en bas vers le menton;

4° Si on comprime en même temps les deux yeux en bas, on n'aperçoit qu'un seul cercle lumineux, en haut au dessus de la racine du nez;

5° Si on comprime en même temps les deux yeux, un en bas et l'autre en haut, on aperçoit deux cercles lumineux, un en haut pour l'œil comprimé en bas, l'autre en bas pour l'œil comprimé en haut;

6° Si l'on comprime les deux yeux en même temps, l'œil droit en dehors, l'œil gauche en dedans, on n'aperçoit qu'un seul cercle lumineux, vers le côté temporal de l'œil gauche. Ce cercle lumineux unique résulte de la superposition des deux cercles de chaque œil, ce qu'il est facile de prouver de la manière suivante : on ne comprime d'abord qu'un œil, le gauche, je suppose, en dedans, et l'on aperçoit vers la tempe gauche un cercle lumineux; on maintient la compression sur cet œil, et ensuite on comprime l'œil droit en dehors, mais progressivement; alors on voit le cercle lumineux de cet œil marcher à mesure que la compression augmente, jusqu'à ce qu'il se confonde avec le premier cercle pour n'en plus former qu'un seul. Cette fusion des deux cercles en un seul n'est complète que lorsque les deux yeux ont acquis la même direction par une pression qui doit être beaucoup plus forte en dehors qu'en dedans. Cette différence de pression s'explique par la conformation anatomique de l'orbite, dont l'angle externe présente beaucoup moins de prise à la pression que l'angle interne, où le doigt peut pénétrer assez profondément; aussi faut-il tâtonner un peu, pour arriver à n'avoir qu'un cercle lumineux par la pression simultanée d'un œil en dehors et d'un œil en dedans. Une chose que je ferai remarquer en passant, c'est que le cercle lumineux qu'on obtient par la pression d'un œil en dedans est beaucoup plus brillant que celui qu'on obtient par la pression en dehors. Ne pourrait-on pas expliquer ce phénomène par la disposition en dedans du cercle ciliaire, qui reçoit de ce côté plusieurs filets nerveux purement sensitifs, provenant du nerf nasal, branche de la cinquième paire (nerf du sentiment)? Et alors on pourrait concevoir que la pression exercée sur la partie du cercle ciliaire la plus sensible donnerait naissance à un effet lumineux plus intense.

De ces expériences on peut conclure que les parties supérieures des rétines sont identiques ensemble; que les parties inférieures des rétines sont identiques ensemble; que le côté externe d'une rétine, et interne d'une autre rétine, sont identiques ensemble; mais qu'il n'y a pas d'identité entre la partie supérieure d'une rétine et la partie inférieure de l'autre; entre la partie interne de l'une et la partie interne de l'autre; entre la partie externe de l'une et la partie externe de l'autre. Par conséquent, il y a vue simple quand l'objet regardé vient faire son image sur deux points des deux rétines identiques ensemble. Ainsi (*fig.* 26), si l'objet O vient faire son image sur le centre 5 de la rétine de chaque œil A et B, il sera vu simple, parce que 5 de l'œil A est identique avec 5 de l'œil B; de même, si l'objet I vient faire son image sur 3 de la rétine de chaque œil A et B, il sera vu simple, parce que 3 de l'œil A est identique avec 3 de l'œil B. Il en serait tout autrement si les yeux s'écartaient de leur direction naturelle, comme dans le strabisme : dans ce cas, l'objet regardé faisant son image dans deux points non identiques serait vu double.

Ainsi (*fig.* 27), si l'objet O vient faire son image sur 3 de l'œil A et sur 7 de l'œil B, 3 et 7 n'étant point identiques, il en résultera deux images, une en 3 et l'autre en 7; de sorte que l'objet O sera vu double.

On pourra m'objecter peut-être que les louches ne voient pas double; ceci est vrai pour ceux qui louchent depuis long-temps et qui par une espèce d'habitude ne se servent plus que d'un œil. Mais qu'on examine une personne qui vient d'être frappée depuis peu d'un strabisme externe, je suppose, par le fait d'une paralysie du nerf de la troisième paire; qu'on l'interroge : elle vous répondra que tous les objets lui paraissent doubles.

Strabisme.

Le strabisme, ou vue louche, présentant un état de l'œil qui se rencontre fréquemment dans la Société, pouvant être considéré, le plus souvent, plutôt comme une infirmité, plutôt comme un désagrément, que comme une maladie, peut trouver sa place dans la physiologie oculaire, aussi bien que la myopie et la presbyopie.

J'en parlerai avec d'autant plus de plaisir, que dès le commencement de 1840, époque vers laquelle se propagea en France l'opération du strabisme par myotomie, je pratiquai un grand nombre d'opérations de ce genre; que j'en vis opérer beaucoup aussi par d'autres chirurgiens; que j'observai les opérés pendant les suites de l'opération; que je les observai encore plusieurs années plus tard; que je pus constater les succès et les insuccès, et en trouver la raison; que je continuai, et que je continue encore à pratiquer cette opération, quoique moins fréquemment, ce dont j'expliquerai le motif plus loin; que, finalement, par le grand nombre de mes observations de strabismes, opérés ou non opérés, guéris ou non guéris par des moyens orthopédiques, je suis à même de donner des conseils utiles aux gens du monde qui, atteints de strabisme, peuvent être susceptibles de subir le traitement chirurgical ou myotomique, ou de subir simplement le traitement orthophthalmique.

Examinons d'abord le strabisme sous le rapport de sa nature et de ses causes directes.

1° Strabisme fixe.

Le strabisme peut avoir pour causes des adhérences profondes entre le globe de l'œil et les parois de l'orbite, entre le muscle et la paroi de l'orbite correspondante. Ce strabisme se reconnaît, en ce que l'œil louche est toujours immobile, même quand l'œil sain est fermé; son immobilité résiste même aux tractions qu'on peut y opérer avec des pinces et des crochets. (Bien entendu que je ne parle pas du strabisme résultant de lésions traumatiques ou de brûlures, ce dernier étant facile à diagnostiquer à l'inspection la plus superficielle, et étant le plus souvent accompagné d'autres difformités des paupières et parties voisines.)

Le strabisme par adhérences profondes ne doit jamais être opéré, tant par la difficulté et la presqu'impossibilité de couper le muscle et de séparer les adhérences, que par la certitude où l'on serait de voir ces adhérences se reproduire, quand bien même on les aurait séparées. Ce strabisme est excessivement rare, et, parmi tous les cas que j'ai observés, je ne l'ai rencontré qu'une seule fois.

Mais comme, en médecine, les insuccès éclairent le praticien sur sa conduite future dans des circonstances analogues, je ne craindrai pas d'avouer que chez l'homme qui me présenta cet espèce de strabisme, j'échouai dans les tentatives que je fis pour lui redresser l'œil. Ce fait se passa à Saint-Brieuc, il y a deux ans, en présence de M. le docteur Hamon qui me servait d'aide. C'était un strasbisme convergent, et malgré l'implantation de plusieurs érignes-crochets, et les tractions que je faisais faire par leur moyen sur l'œil dans une direction opposée, rien ne put déranger l'œil de la position vicieuse fixe qu'il occupait, et il me fut impossible d'aller à la recherche du muscle pour en faire la section. Je dus donc suspendre l'opération, me promettant bien, si pareil cas se présentait, de ne faire aucune tentative opératoire. Depuis, je n'ai pas eu l'occasion de rencontrer un fait semblable.

J'appellerai ce strabisme, *strabisme fixe.*

Quelques auteurs ont parlé d'un strabisme fixe qui aurait pour cause une contraction permanente et idiopathique du muscle droit interne; je ne l'ai jamais rencontré; mais il serait facile de le distinguer du précédent, en ce que, en implantant une érigne-crochet dans la sclérotique, et en attirant l'œil en dehors, on vaincrait la résistance du muscle, résultat qu'on ne peut obtenir dans le strabisme fixe par adhérence. Ce strabisme par contraction permanente serait celui qui offrirait le plus de chances pour le succès de l'opération. Mais, je le répète, l'existence de ce strabisme est fort douteuse, et si jamais on le rencontre, ce sera par une rare exception, puisque depuis six ans que je fais des opérations de strabisme, je ne l'ai pas rencontré une seule fois; j'ai même la conviction qu'on l'aura confondu avec le strabisme paralytique.

2° Strabisme paralytique.

Le strabisme peut avoir pour cause une paralysie d'un des nerfs moteurs de l'œil. Celui qu'on rencontre le plus communément est le strabisme externe, résultat de la paralysie du nerf de la troisième paire, ou nerf moteur commun. En parlant de celui-ci, on déduira facilement les autres de la même espèce.

Que le nerf de la troisième paire soit paralysé idiopathiquement, ou bien par une lésion cérébrale à l'endroit où il prend racine, ou bien encore par la compression d'une tumeur ou d'un liquide à la base du crâne; il en résultera que les muscles auxquels il se rend seront eux-mêmes paralysés. On se rappelle que ce nerf envoie des filets au muscle élévateur de la paupière supérieure, au droit supérieur, au droit interne, au droit inférieur, au petit oblique; par conséquent, il y aura impossibilité de mouvoir l'œil en haut, en bas, en dedans; impossibilité d'élever la paupière supérieure. Il y aura donc abaissement permanent, ou chute de la paupière supérieure; et l'œil sera dévié en dehors par l'action du droit externe, qui, recevant un nerf à lui seul, et n'ayant plus d'antagoniste, attirera l'œil de son côté.

Il faut bien se garder d'opérer cette espèce de strabisme; car on échouerait certainement dans le résultat; mais on doit, à l'aide de moyens médicaux, combattre l'affection cérébrale qui en est la cause; et l'on voit l'œil se redresser progressivement, à mesure que la maladie cérébrale se dissipe.

Quand ce strabisme dépend d'une affection cérébrale de mauvaise nature et rebelle au traitement le plus rationnel et le plus énergique, il ne guérit pas. Bientôt, par le développement de l'affection cranienne, les autres nerfs de l'œil sont aussi paralysés; alors l'œil ballotte dans l'orbite, en se conformant aux mouvements du corps et aux lois physiques de la pesanteur; il devient, la plupart du temps, amaurotique et insensible aux agents extérieurs. Quand le praticien éclairé voit un œil atteint successivement de ces paralysies multiples, il peut porter à coup sûr un fâcheux pronostic; car l'affection va s'étendre incessamment aux autres organes *intracraniens* et *metacraniens*, et la mort n'est pas loin.

J'appellerai le strabisme que nous venons d'étudier, *strabisme paralytique*.

On le rencontre de temps en temps dans la pratique ; mais si on fait la remarque que tous ceux qui en sont frappés viennent à l'instant réclamer les secours de l'art, tandis que la très-grande majorité des strabiques ordinaires, étant nés la plupart du temps avec leur infirmité, ou l'ayant dès leur plus tendre enfance, et n'éprouvant aucune incommodité de leur strabisme, ne réclament les secours de l'art que dans le cas où, par coquetterie, ils veulent subir une opération ; si donc on fait cette remarque, on trouve qu'on rencontre à peine un strabisme paralytique sur cent cinquante à deux cents strabismes ordinaires.

3° Strabisme par obstacle visuel.

Le strabisme peut avoir pour cause une tache de la cornée, de la capsule du cristallin, ou bien une paralysie partielle de la rétine. Voici l'explication et le mécanisme de ce strabisme :

Sur un individu ayant eu jusqu'alors des yeux sains, apparaît une tache partielle de la cornée, par exemple ; cette tache s'oppose au passage du rayon lumineux identique à celui qui frappe l'œil sain ; l'œil taché se dévie alors pour laisser passer ce rayon lumineux ; alors il arrivera que ce rayon ira frapper un point de la rétine non identique avec celui du côté opposé ; par conséquent il y aura diplopie ou vue double; l'œil fatigué de cette double vision se déviera de plus en plus pour tâcher d'arriver à la vision simple ; mais c'est en vain qu'il fait des efforts, puisque le point identique de cette rétine est masqué par la tache de la cornée. Or, quand l'œil sent qu'il ne peut arriver à voir simple sur aucun point de la rétine non identique avec celui du côté opposé, par une espèce de volonté idiopathique, par une espèce d'instinct, il s'habitue à ne pas voir du tout, et peu à peu il perd la faculté de la vision distincte, à tel point que, si on ferme l'œil sain, c'est avec peine que l'individu placé dans ces circonstances distinguera les objets les plus usuels d'un petit volume.

Cet œil néanmoins n'est pas perdu pour cela, et il suffirait, pour lui rendre sa force, de le forcer à travailler en bouchant l'œil sain. Il n'est affaibli que par défaut d'action, de la même manière qu'un membre s'affaiblit, s'atrophie même, quand, par le fait d'une blessure ou d'une fracture, il est maintenu long-temps dans l'inactivité. Ainsi, tout le monde sait que, chez un droitier, la main droite est toujours un peu plus grosse, qu'elle est capable d'appliquer un coup plus énergique que la gauche. Eh bien! que ce droitier vienne à se casser le bras droit; si, pendant le temps que son bras droit est maintenu dans l'immobilité, il se sert de son bras gauche, ce dernier s'appropriera aux nouveaux services qu'on réclame de lui, il augmentera de force et de volume; et quand on retirera le bras droit de son appareil, malgré qu'il n'y aura plus aucune douleur ni engorgement, malgré que la fracture sera parfaitement consolidée, il restera immobile, et ce n'est que peu à peu et en le forçant pour ainsi dire à se mouvoir, qu'il récupérera ses forces et son adresse antérieures.

Ce que nous venons de dire pour une tache partielle de la cornée s'applique également à une tache partielle de l'appareil cristallinien, à une paralysie partielle de la rétine. Ce serait absolument le même mécanisme de strabisme.

Cette espèce de strabisme se rencontre quelquefois, mais pas aussi souvent que l'ont prétendu quelques physiologistes qui n'assignaient pas d'autre cause au strabisme. Ainsi, suivant ces derniers, tout strabisme non paralytique et non accompagné de taches dans les parties transparentes de l'œil, était toujours le résultat d'une faiblesse de la rétine dans le point identique avec celui du côté opposé, et cet œil, suivant ces physiologistes, se déviait de manière à placer une partie saine de la rétine au devant du rayon lumineux identique. Mais ceux qui soutenaient cette opinion ignoraient ou oubliaient, sans doute, que les louches ne voient et ne se servent que de l'œil sain, ce dont on peut acquérir la preuve tous les jours (excepté néanmoins dans le strabisme double alterne, où tantôt c'est un œil qui sert et tantôt l'autre, mais jamais les deux à la fois, sans quoi il y aurait double vision).

N'avons-nous pas prouvé d'ailleurs (voir les *fig.* 26 et 27) que, pour qu'il y ait vue simple avec deux yeux, il fallait qu'il y eût identité entre les deux rétines, et qu'il y avait nécessairement vue double toutes les fois que les points identiques ne se correspondaient plus. Voici du reste une expérience facile à faire, qui prouve encore l'identité des rétines dans des points toujours les mêmes, et leur non identité quand la direction de ces points est intervertie. Que d'une main on tienne un objet, une épingle, par exemple, qu'on la fixe des deux yeux, on la voit simple; mais si, avec l'autre main, on comprime un œil de manière à changer sa direction, alors on verra deux épingles qui seront d'autant plus éloignées l'une de l'autre que la déviation oculaire sera plus prononcée.

Un fait qui dément encore la possibilité qu'auraient les points non identiques d'une rétine de s'identifier de manière à ce qu'on obtînt la vue simple, c'est que la très-grande majorité des louches qu'on opère ne voient pas double après l'opération du strabisme; phénomène qui ne manquerait pas de se manifester si réellement par l'habitude l'œil louche s'était créé une nouvelle identité qui, étant rompue tout à coup, produirait nécessairement le même effet que dans l'expérience ci-dessus, où on change l'identité d'un œil par la pression. Il est vrai néanmoins qu'après quelques opérations de strabisme on a observé, et que j'ai observé moi-même, la diplopie ou vue double; mais c'était dans des cas où, par le fait de l'opération, on avait fait plus que redresser l'œil, qui au lieu de loucher en dedans louchait plus ou moins en dehors.

Cet accident est indépendant de l'habileté de l'opérateur, et j'eus occasion d'en observer un exemple frappant sur une dame d'Évreux, Mme J. Cette dame se fit opérer en 1840, pour un strabisme convergent léger, par un médecin de Paris, qui, s'occupant exclusivement du strabisme, excellait dans cette opération par la précision, la rapidité et la hardiesse d'exécution. L'opération fut faite en moins d'une demi-minute, et l'œil qui, avant l'opération, louchait médiocrement en dedans, loucha en dehors immédiatement après, et il y eut aussitôt vue double; malgré l'emploi de moyens orthopédiques et de compresses graduées, l'œil conserva cette nouvelle position; mais la vue double disparut peu à peu, parce que cet œil contracta, comme auparavant, l'habitude de ne pas voir, et que la vision chez cette dame se fit comme autrefois, seulement avec l'œil normal.

J'appellerai l'espèce de strabisme que nous venons d'étudier, *strabisme par obstacle visuel.*

Ce strabisme ne doit pas être opéré, et le traitement consistera à tenter d'enlever les obstacles, soit matériels, soit purement nerveux, qui s'opposent au passage des rayons lumineux identiques. Mais, je le répète, ce strabisme n'est pas commun, et, ce qui le prouve encore, c'est que la plupart des gens qui portent des taches des cornées ou des autres parties transparentes de l'œil ne louchent nullement.

4° Strabisme ordinaire.

Le strabisme peut avoir pour cause une influence nerveuse ou cérébrale, et je désignerai cette espèce sous le nom de *strabisme par influence nerveuse ou cérébrale,* ou tout simplement sous le nom peu scientifique de *strabisme ordinaire,* parce que c'est presque toujours ce strabisme que l'on rencontre, et que sa fréquence sur les autres espèces peut être estimée au moins à 150 pour 1.

Pour donner plus de poids à la manière dont j'envisage la cause de ce strabisme, je crois le moment opportun de refuter l'opinion des physiologistes qui veulent que le strabisme le plus fréquent soit le résultat d'une plus grande force de contraction d'un muscle de l'œil, ou, pour parler plus anatomiquement, de ce qu'un muscle possède plus de fibres musculaires que son antagoniste.

Il y a quelques mois, je me trouvais à Paris chez un des plus fameux anatomistes de cette capitale, et la conversation étant tombée sur le strabisme, il me manifesta cette opinion. Malgré que je sentisse toute mon infériorité vis-à-vis de ce savant, je ne combattais pas moins son opinion, quand un tiers entra et fit changer la nature de la conversation. Si cet anatomiste avait pratiqué plusieurs opérations de strabisme, je pense qu'il n'aurait pas tardé à renoncer à son opinion.

Admettons pour un moment cette opinion, et supposons que, dans un strabisme convergent, la déviation oculaire ait pour cause une prédominence de la force musculaire du droit interne sur le droit externe, supposons même, pour plus de clarté et de précision, que la différence soit de moitié; il sera évident que, dans cette hypothèse, en coupant la moitié des fibres du muscle moitié plus fort, on devra redresser l'œil, puisqu'alors on aura rétabli l'équilibre de force de contraction des deux muscles antagonistes. Il n'en est rien cependant, et couperait-on les dix-neuf vingtièmes du muscle droit interne, qu'on n'obtiendrait pas le redressement de l'œil.

Sur le grand nombre d'opérations de strabisme que j'ai eu occasion de faire, il m'est arrivé souvent de ne pas couper toutes les fibres musculaires d'un seul coup; eh bien! je puis certifier que, toutes les fois que j'avais négligé de couper toutes les fibres musculaires, n'en serait-il resté que gros comme un fil, je n'obtenais pas le redressement de l'œil. Je me gardais bien dans ces cas d'aller couper le tendon du grand oblique, comme je l'ai vu faire malheureusement à plusieurs opérateurs; mais j'introduisais de nouveau mon crochet mousse, en râclant pour ainsi dire la sclérotique, et je finissais toujours par accrocher une petite portion musculaire qui m'avait échappé la première fois; je la coupais, et à l'instant même et par un mouvement brusque l'œil était redressé. Il est donc évident que le strabisme ne peut avoir pour cause une prédominence dans les fibres du muscle du côté dévié, puisqu'en ne laissant que la cinquantième et même la centième partie de ces fibres, on n'obtient pas le redressement de l'œil.

Un fait qui détruit encore l'explication du strabisme par la prédominance du nombre des fibres musculaires, c'est que, toutes les fois qu'on ferme l'œil sain, l'œil louche se redresse; redressement qui ne pourrait pas s'effectuer s'il y avait une prédominance dans le nombre des fibres du muscle du côté dévié; car il n'entrera, je crois, dans l'esprit de qui que ce soit, de penser que le nombre des fibres du muscle droit interne de l'œil louche, diminue momentanément pendant l'oclusion de l'œil droit.

C'est donc ailleurs que dans le muscle qu'il faut chercher la cause du strabisme ordinaire. Ce sera alors dans le nerf qui conduit la volonté motrice du cerveau, ou plutôt dans le cerveau lui-même; et une preuve de cette influence nerveuse ou cérébrale est dans la récidive du strabisme. En effet, vous coupez le muscle droit interne, vous resequez même sa partie antérieure, vous condamnez ensuite l'œil au repos et à l'immobilité; mais la partie postérieure du muscle se soude de nouveau à la sclérotique, et, la même influence nerveuse ou cérébrale continuant d'agir, le strabisme revient comme auparavant. Voici pourquoi une si grande quantité de strabismes ont récidivé, quoique bien opérés, et je dirai de suite comment il faut s'y prendre pour soustraire le muscle à cette influence nerveuse.

J'avais remarqué qu'il y avait plus de récidives chez les gens riches qui, suivant exactement le régime qu'on leur prescrivait, gardaient un repos complet, et maintenaient sur l'œil opéré des compresses qui le rendaient immobile, que chez les gens du peuple qui, immédiatement après l'opération, continuaient leurs travaux, tant les suites de cette opération sont bénignes. Qu'arrivait-il aux premiers qui gardaient l'immobilité de l'œil? Il arrivait justement que, par le fait de cette immobilité, la réunion de la plaie se faisait immédiatement ou du moins beaucoup plus facilement; tandis que chez les derniers, la réunion immédiate était empêchée par les mouvements continuels du globe de l'œil. Tout le monde sait, en effet, que pour avoir une réunion prompte d'une plaie, il faut en affronter les bords et les tenir immobiles; tandis qu'au contraire la réunion ne se fera pas, si les deux bords de la plaie sont écartés l'un de l'autre et continuellement mis en mouvement; ceci est de la plus grande évidence.

Ainsi chez les premiers la récidive avait lieu par l'influence nerveuse qui continuait d'agir sur la partie postérieure du muscle; chez les derniers la récidive n'avait pas lieu, parce que la partie postérieure du muscle, étant privée d'attache antérieure, ne pouvait par conséquent communiquer à l'œil les mouvements qu'il avait l'ordre d'exécuter par l'influence nerveuse.

C'est pourquoi actuellement j'ai l'habitude de faire mes opérations de strabisme le matin, en recommandant aux opérés, tout en conservant le repos du corps, de faire mouvoir leur œil. J'évite d'opérer le soir, afin que, pendant le sommeil, où l'œil est au repos, il ne se fasse pas de réunion immédiate. De cette manière, je n'ai pas de récidives, mais le mouvement d'adduction de l'œil est perdu, petit inconvénient auquel l'opéré sait fort bien parer, comme nous allons l'expliquer.

Supposons une personne opérée du strabisme convergent de l'œil droit par notre méthode. Lorsque cette personne regardera droit devant elle, elle ne louchera pas; quand, sans tourner la tête, elle regardera à droite, elle ne louchera pas non plus, puisque c'est alors le muscle droit externe qui agira pour tourner l'œil droit en dehors. Si, au contraire, cette personne regarde à gauche sans tourner la tête, il en résultera qu'elle louchera, parce que l'œil gauche sera tourné en dehors, et que, vu l'abolition du mouvement d'adduction, l'œil droit restera au milieu de l'orbite. Mais cette personne ne tardera pas à s'apercevoir de ce désagrément, et peu à peu elle prendra l'habitude, lorsqu'elle regardera à gauche, de tourner en même temps la tête à gauche, de manière à faire face aux objets qu'elle regardera. Au reste, c'est une habitude facile à prendre que celle de regarder devant soi, c'est même la posture la plus naturelle, et ce n'est que dans des circonstances exceptionnelles qu'on exerce la vue de côté.

Etant démontré que le strabisme a presque constamment pour cause une influence nerveuse, il me reste à développer une idée qui m'appartient : C'est à dire que dans le strabisme convergent ordinaire, je ne pense pas que l'influence réside seulement dans la branche nerveuse qui va se rendre au muscle droit interne, mais le plus souvent dans le nerf tout entier. C'est sur l'anatomie et la pathologie que je vais m'appuyer, pour faire partager ma conviction à mes lecteurs. Ainsi j'ai déjà parlé de la paralysie de la troisième paire, affection que l'on rencontre de temps en temps dans la pratique; cette paralysie est toujours totale, c'est-à-dire qu'elle s'exerce sur le nerf tout entier, de façon que les muscles auxquels ce nerf se rend, et qui sont le droit supérieur, le droit interne, le droit inférieur, le petit oblique et l'élévateur de la paupière supérieure, étant réduits à la nullité de contraction, il en résulte une chute de la paupière supérieure, un strabisme externe, et impossibilité de mouvoir l'œil en haut et en bas. Les observations de paralysie seulement de la branche nerveuse de la troisième paire, qui se rend à l'élévateur de la paupière supérieure, sont en effet tellement rares, que la plupart des auteurs en nient l'existence. (Pour mon compte, je n'en ai jamais observé.) Eh bien! si le nerf de la troisième paire ne peut pas être frappé d'une paralysie partielle, pourquoi admettre qu'il peut être atteint d'hypéresthénie partielle? Mais voici l'objection qu'on va me faire : *Vous prétendez que le nerf tout entier est atteint d'hypéresthénie, et cependant l'effet ne se prononce que d'un côté, en dedans. Comment donc cela peut-il se faire d'après votre opinion?* La réponse n'est pas difficile. Ainsi, admettons le nerf de la troisième paire atteint tout entier d'hypéresthénie, chaque muscle sera par conséquent hypéresthénisé.

Le muscle droit supérieur sera hypéresthénisé; mais comme le droit inférieur le sera également par la même raison, il en résultera que l'œil, étant placé entre deux forces égales et contraires, ne sera entraîné ni d'un côté ni de l'autre.

Le muscle élévateur de la paupière supérieure sera hypéresthénisé, mais l'effet en sera peu sensible; car comme, dans l'état normal, ce muscle élève la paupière supérieure presqu'à son *summum*, il est clair qu'étant hypéresthénisé il ne pourra l'élever plus haut que le *summum* d'élévation.

Le muscle petit oblique sera hypéresthénisé, mais l'effet en sera encore peu sensible; car ce muscle n'agit que dans la rotation de l'œil, et aussi en lui imprimant un mouvement d'arrière en avant, comme nous l'avons dit plus haut.

Enfin le muscle droit interne sera hypéresthénisé, et comme ce muscle n'a pas d'antagoniste soumis à la même influence, puisque le muscle droit externe reçoit à lui tout seul un nerf distinct, la sixième paire, il attirera nécessairement l'œil de son côté et produira le strabisme convergent.

En admettant le raisonnement ci-dessus pour la formation du strabisme convergent ordinaire, on comprendra pourquoi on ne rencontre presque jamais de strabismes en haut et en bas. Si ensuite on me demandait pourquoi il y a beaucoup plus de strabismes convergents ordinaires que de strabismes divergents ordinaires, je répondrais par cette autre question : Pourquoi le nerf de la troisième paire est-il infiniment plus souvent paralysé que le nerf de la sixième paire? Je pense donc qu'il n'est pas irraisonnable d'admettre que, puisque le nerf de la troisième paire est celui des nerfs moteurs de l'œil qui est le plus souvent frappé de paralysie, il soit aussi, par contre, le nerf le plus souvent frappé d'hypéresthénie. Mais la cause de cette plus grande fréquence d'état morbide dans ce nerf nous est inconnue, et peut-être qu'un jour, en faisant des recherches, la trouvera-t-on, soit dans sa structure, soit dans sa position, soit dans la partie du cerveau qui lui donne naissance.

Les différents strabismes nous étant connus suivant leur cause, étudions-les à présent suivant leur direction.

1° Le strabisme fixe, qui est excessivement rare, pourrait affecter toutes les directions, puisqu'il n'y a pas de raison pour que l'adhérence se fasse plutôt d'un côté que de l'autre.

2° Le strabisme paralytique, qu'on rencontre de temps en temps, affecte presque constamment la direction divergente, quelquefois la direction convergente, jamais la direction supérieure ou inférieure. Nous ne reviendrons pas sur l'explication que nous en avons donnée.

3° Le strabisme par obstacle visuel, qu'on rencontre assez rarement, peut affecter quelquefois la direction divergente, bien plus souvent la direction convergente, et très-rarement la direction supérieure ou inférieure. On comprendra encore cela par ce que nous avons dit plus haut du nerf de la troisième paire.

4° Le strabisme ordinaire, celui qu'on rencontre habituellement, affecte presque constamment la direction convergente, très-rarement la direction divergente, presque jamais la direction supérieure ou inférieure; et voici l'explication que je donnerai de ces deux dernières directions, supérieure et inférieure :

Dans certaines maladies oculaires très-communes, surtout chez les enfants, il y a photophobie, c'est-à-dire que l'œil est impressionné désagréablement par la lumière qui l'irrite; alors, il la fuit, et pour lui échapper, il remonte sous la voûte orbitaire derrière la paupière supérieure; on conçoit très-bien que, si la photophobie persiste long-temps, l'œil s'habitue peu à peu à cette situation et en garde plus tard l'habitude. Dans le ptosis non paralytique, ou chute de la paupière supérieure, soit par engorgement, soit par hypertrophie, soit par toute autre cause, l'œil, étant plus ou moins masqué par la paupière supérieure, tend sans cesse à se diriger en bas. On conçoit qu'il conserve cette direction, tant que le ptosis existe, et qu'il la conserve même quelquefois, quand le ptosis est guéri.

Le strabisme ordinaire peut, comme le strabisme paralytique, atteindre les deux yeux à la fois, avec cette différence toutefois que, dans le strabisme paralytique, les deux yeux louchent toujours simultanément, tandis que dans le strabisme ordinaire, ils ne louchent le plus souvent qu'alternativement et suivant la posture adoptée par l'individu. Mais il ne faut pas attribuer au strabisme la convergence des deux yeux chez les gens très-myopes qui, ne pouvant distinguer que de très-près, sont obligés de faire converger considérablement les deux yeux.

Je conseillerai :

1° Aux personnes atteintes de strabisme fixe de ne point se soumettre à l'opération;

2° Aux personnes atteintes de strabisme paralytique de ne point se soumettre à l'opération; mais de se soumettre à une médication capable de modifier avantageusement la cause de la paralysie;

3° Aux personnes atteintes de strabisme par obstacle visuel de ne point se soumettre à l'opération, tant que l'obstacle n'aura pas été détruit par un traitement convenable; car la plupart du temps l'œil se redresse peu à peu, et sans opération, à mesure que l'obstacle disparaît.

4° Quant aux personnes atteintes de strabisme ordinaire, j'établirai trois catégories.

Première catégorie : *Louchant considérablement d'un seul œil, de manière que la cornée ou une portion de la cornée se cache dans l'angle interne.*

A ces personnes je conseillerai l'opération, ce dont elles tireront un avantage marqué, si l'opération est bien faite et les suites bien dirigées. Car, quand bien même chez ces personnes l'œil opéré paraîtrait un peu plus grand que l'autre, ce désagrément serait bien moindre que le désagrément de loucher horriblement.

Deuxième catégorie : *Louchant considérablement des deux yeux, mais alternativement.*

A ces personnes je conseillerai l'opération d'abord sur un seul œil, et si un des deux yeux est plus faible, ce qui se remarque habituellement, de choisir particulièrement celui-ci. Il peut se faire que l'autre œil ne louche plus immédiatement après l'opération du premier, ou qu'il se redresse plus tard avec ou sans moyens orthopédiques. Si enfin il ne se redresse pas au bout de quelques mois, il est toujours temps de l'opérer.

Troisième catégorie : *Louchant légèrement.*

A ces personnes je conseillerai de ne point tenter l'opération; de rester telles qu'elles sont, si elles sont vieilles; si au contraire elles sont jeunes, d'employer des moyens orthopédiques qui peuvent réussir, si on les continue avec persévérance; mais aussi je dois les prévenir que souvent le strabisme tend à récidiver; qu'il faut être constamment au guet pour le prévenir, et toujours être disposé à lui opposer le traitement orthopédique.

Il n'entre pas dans mon sujet de décrire tous les procédés orthopédiques qu'on peut employer. Il me suffira de dire que, chez les très-jeunes enfants, ils ne peuvent être mis à exécution avec succès à cause de leur indocilité, et qu'il faut une volonté ferme pour arriver à un résultat satisfaisant. Aussi c'est surtout chez les jeunes filles de quinze à vingt ans que j'ai eu le plus souvent l'occasion d'appliquer avec succès le traitement orthophthalmique, et tout le monde en devine la raison.

Au résumé, l'opération du strabisme ou myotomie oculaire est une opération qui restera dans le domaine chirurgical; et, si d'un côté il y a eu un si grand nombre d'insuccès, si de l'autre côté un certain nombre de louches à un fort degré reculent devant l'opération, on ne doit s'en prendre qu'à certains opérateurs qui, plus désireux d'emplir leurs poches que de mener à bien leurs opérations strabotomiques, opèrent à tort et à travers les strabismes forts ou légers, paralytiques ou hypéresthéniques, et jettent ainsi, par le nombre de leurs insuccès, du discrédit sur une des découvertes les plus brillantes de la chirurgie moderne.

S'il n'entre pas dans mon sujet de décrire les différentes méthodes d'opérer et de guérir le strabisme, il n'est pas hors de propos, et je m'en fais même un devoir, de donner aux pères et mères de famille quelques conseils pour empêcher le développement du strabisme chez leurs enfants. Quoiqu'il fût plus méthodique de placer ces conseils dans la partie hygiénique, j'aime autant les livrer de suite à la méditation du lecteur, qui aura l'esprit tout fraîchement imbu des idées que je viens de soumettre à sa sagacité.

Les convulsions étant une cause fréquente de strabisme chez les jeunes enfants, il sera de la plus grande importance d'éviter tout ce qui peut donner naissance à ces convulsions. La dentition, la présence des vers dans l'estomac, les douleurs plus ou moins vives résultant de telle ou telle maladie, peuvent dans certains cas, chez l'enfant, à cause de sa grande sensibilité, déterminer des convulsions. C'est donc aux mères de famille qu'il appartient de surveiller leurs enfants avec la plus grande précaution, et de les faire visiter par leur médecin, quand ils présentent quelques phénomènes insolites, afin que, par des soins ou un traitement approprié, on aille au devant des accidents qui peuvent se développer, et qu'on empêche ainsi le cerveau de s'affecter sympathiquement.

Le lit dans lequel reposera l'enfant sera disposé de manière que sa figure soit tournée du côté de la fenêtre par laquelle entre la lumière du jour. Car de même que la jeune plante enfermée dans un appartement tend sans cesse à s'incliner et pousse même ses rameaux du côté de l'ouverture qui donne issue à la lumière, de même le jeune enfant, chez qui l'organe de la vue est le sens le plus souvent en exercice pour les besoins de son éducation physique, portera naturellement ses regards du côté où la lumière est la plus pure. Si donc, par ignorance, on place l'enfant à contresens de la fenêtre, il arrivera que ses yeux tendront sans cesse à se tourner du côté de la lumière, et quelquefois un strabisme plus ou moins prononcé peut être la conséquence de cette mauvois position. J'ai à peine besoin de mentionner que, si le soleil frappait directement la fenêtre, on devrait modérer l'éclat des rayons solaires par des rideaux particulièrement choisis dans les couleurs bleues ou vertes.

Il faut éviter de faire élever les enfants par des nourrices louches; il faut éviter de les faire accompagner souvent par un domestique louche, car on a peine à se figurer le pouvoir de l'instinct d'imitation chez les ènfants, et il y a bon nombre d'exemples (pour ma part j'en connais plusieurs) qui démontrent que certains enfants sont devenus louches pour avoir fait leur société habituelle d'une personne louche. J'engagerais même les pères et mères de famille qui seraient atteints de strasbisme à faire le sacrifice de faire élever leurs enfants ailleurs que chez eux, et à ne les admettre entièrement sous le toit paternel, que lorsque l'instinct d'imitation a perdu son influence, vers l'âge de 7 à 10 ans environ.

Un homme borgne voit-il aussi distinctement qu'un homme qui a ses deux yeux?

Je terminerai la partie anatomico-physiologique de cet opuscule par l'examen de cette question qui intéresse : 1° Les ouvriers borgnes qui, précisément à cause de cette infirmité, sont souvent repoussés des ateliers, sous le prétexte qu'ils ont une mauvaise vue; 2° Les chefs de fabrique qui refusent souvent de donner de l'ouvrage aux ouvriers borgnes. Ayant eu l'occasion d'en parler, à Paris, à des fabricants d'yeux artificiels, j'ai appris qu'un nombre considérable d'ouvriers borgnes venaient se faire placer un œil d'émail, non par coquetterie, mais parce qu'ils ne pouvaient être admis dans les ateliers où on leur reprochait de ne pas voir clair. Mais, si on considère que, pour un ouvrier, un œil artificiel coûte 15 francs, qu'il faut le renouveler au moins deux à trois fois par an, et que, vu sa fragilité, on est exposé à en briser quelquefois par maladresse, on arrivera facilement à une dépense annuelle de 60 à 80 fr. Cette somme n'est pas énorme pour l'habile ouvrier de la capitale, dont le salaire est assez élevé; mais dans certaines parties de la France, une somme de 80 fr. est à peine ce qui reste à certains ouvriers, quand ils ont prélevé leur nourriture sur le total; joignez à cela que lorsqu'on est éloigné de Paris (seul endroit, avec Venise, où on fabrique des yeux artificiels), on peut bien mettre la dépense à 100 fr. au lieu de 80, à cause du prix du transport et de la correspondance. Je vais donc, dans ce chapitre, faire tous mes efforts pour détromper certaines personnes qui s'imaginent qu'un borgne voit moitié moins bien que celui qui a ses deux yeux.

En admettant, pour un moment, que le concours des deux yeux soit nécessaire à une bonne vision, il est certain qu'en bouchant un œil on devrait voir moitié moins bien. Il n'en est rien, cependant et la différence est presqu'insensible. Ainsi que l'on fixe un objet brillant et peu volumineux, une pièce de cinq francs; que l'on tienne entre les deux yeux, et perpendiculairement au front, un morceau de carton noir de la largeur de la main; si on vient à couvrir un œil (en abaissant dessus le carton noir) pendant que l'on fixe la pièce de cinq francs, on s'aperçoit qu'il passe sur la pièce de cinq francs une ombre presqu'insensible. La même expérience, répétée sur l'autre œil, donne le même résultat, et quand on ramène le morceau de carton dans une direction perpendiculaire au front, on voit cette espèce d'ombre disparaître. Eh bien! je vais prouver que cette espèce d'ombre presqu'insensible est, pour ainsi dire, liée justement à l'existence de l'œil bouché, et que, si ce dernier était anéanti complètement, le phénomène ne se présenterait pas. En effet, tout le monde sait que, lorsqu'on abaisse la paupière supérieure d'un œil d'un individu, par le fait de l'obscurité momentanée qu'éprouve l'œil, la pupille se dilate, et qu'en relevant vivement la paupière on aperçoit la pupille dilatée, mais qu'elle reprend immédiatement ses dimensions normales; mais ce que peu de gens savent, c'est qu'en bouchant, par exemple, l'œil gauche, la pupille de l'œil droit se dilate, quoiqu'il soit ouvert et quoique l'intensité de la lumière n'ait pas changé; et qu'elle se maintient dilatée pendant un temps considérable. Il y a donc là synergie d'action des deux pupilles, c'est-à-dire que la pupille droite se met par sympathie à l'unisson de la pupille gauche qui, seule, a ressenti l'impression de l'obscurité. Mais l'intensité de la lumière extérieure n'a pas changé; or, si la pupille droite est dilatée plus qu'il ne convient, par rapport à la lumière extérieure, il y aura évidemment aberration de sphéricité, et c'est ce qui nous explique cette espèce d'ombre qui passe sur la pièce de cinq francs; mais l'aberration de sphéricité sera peu considérable; et c'est ce qui nous explique la légèreté de cette ombre.

Étant bien démontré que la dilatation de la pupille droite est le résultat de l'impression de l'obscurité sur l'œil gauche, il est bien évident que si cet œil gauche n'existait pas, il ne serait plus impressionnable, et que, par conséquent, l'aberration de sphéricité ne se produirait pas sur l'œil droit. Examinez des borgnes, et vous verrez qu'ils n'ont pas la pupille plus dilatée que les autres personnes. Aussi j'ai l'intime conviction, et je désire la faire partager à mes lecteurs, qu'un borgne voit aussi bien que l'homme qui possède ses deux yeux; seulement il n'a pas le champ de la vue aussi large; mais cela importe peu, car un ouvrier n'a pas besoin d'embrasser du regard la largeur d'un champ de bataille, et pourvu qu'il puisse voir parfaitement clair à son ouvrage, voilà tout ce qu'on doit exiger de lui. En conséquence, je termine en faisant des vœux, pour que les malheureux borgnes ne soient pas repoussés des ateliers, comme on le fait encore trop souvent.

TROISIÈME PARTIE.

Hygiène oculaire.

Actuellement que le lecteur connaît la disposition, la forme, la structure, l'usage des parties qui constituent l'œil et ses accessoires, il sera en état de comprendre l'importance des préceptes hygiéniques contenus dans cette troisième partie, et à quels dangers sont exposés les yeux de l'homme de lettres, de l'artiste, qui ne savent pas ménager ces organes délicats par un travail varié ou par des instants de repos nécessaires ; à quels dangers sont exposés les yeux de l'homme du grand monde, qui s'habitue à faire de la nuit le jour, et qui souvent achète, au prix d'une nuit éternelle, les quelques moments de plaisirs passés dans des salons resplendissants de lumière.

Ici c'est un jeune peintre sans fortune, dont le talent brillant, résultat d'un travail opiniâtre, n'a été acquis que par le sacrifice des plaisirs et des jouissances attachés à la jeunesse; mais il doit jouir plus tard? Vaine espérance! Au moment où un tableau admis à l'exposition reçoit des éloges mérités, au moment où de nombreuses commandes vont faire entrer l'aisance dans son intérieur, si pauvre jusqu'alors, une cécité horrible et incurable vient l'assaillir. Adieu bonheur, adieu fortune, adieu honneurs, adieu tout! Il ne lui reste plus qu'un souvenir, souvenir amer, souvenir des fatigues et des privations de ses jeunes années.

Là, c'est un prédicateur plein d'éloquence, et que son mérite doit conduire bientôt aux honneurs de l'épiscopat; mais il a passé des nuits pour l'élaboration de ses sermons; il a trop compté sur la forte organisation de ses yeux, qui lui faillissent tout à coup, et l'obligent à renoncer à sa carrière, au moment où il est sur le point de recueillir les palmes.

Plus loin enfin, c'est un artiste laborieux, un bijoutier, un graveur, etc.; il est père d'une nombreuse famille que son travail seul est chargé d'entretenir. Ses yeux armés d'une loupe, pour suivre les traits déliés de son burin, sont bientôt frappés d'une amaurose incurable, et voilà une famille entière tombée dans la misère, parce qu'on a ignoré les préceptes hygiéniques oculaires; parce que, par une sage mesure, on n'a point varié ses divers genres de travaux; parce que peut-être, le pire de tout, on a employé quelques remèdes de bonne femme sans aucun raisonnement physiologique. (J'ai fait comprendre plus haut, dans la partie anatomique, le danger qu'il y a à introduire, dans des yeux atteints de phlogoses internes, les eaux et pommades débitées par les commères et les charlatans, remèdes contenant constamment des médicaments astringents, qui pourraient faire beaucoup de bien dans certaines ophthalmies externes, mais qui, employés sans discernement, peuvent détruire complètement un œil atteint d'ophthalmie interne, qu'on aurait certainement guéri à l'aide d'une médication interne et générale bien raisonnée).

Je pourrais multiplier les exemples, et je prouverais facilement que la cécité frappe le plus souvent les hommes de lettres, et tous les gens qui s'occupent de travaux intellectuels ou de travaux mécaniques d'une grande finesse. Combien en effet rencontre-t-on d'aveugles parmi les écrivains! Homère, Milton, Delille, et bien d'autres, ont perdu la vue par excès de travail, et à ce propos qu'on me permette de citer ces beaux vers chantés par l'auteur du Paradis perdu, et si bien reproduits en français par son immortel traducteur; vers qui dépeignent si bien la triste infirmité de ces deux poètes :

But thou
Revisit'st not these eyes, that roll in vain
To find thy piercing ray, and find no dawn;
So thick a drop serene hath quench'd their orbs.
Or dim suffusion veil'd.

Yet not the more
Cease I to wander, where the muses haunt,
Cleare spring, or shady grove, or sunny hill,
Smit with the love of sacred song; but chief
Thee, Sion, and the flowery brooks beneath
That wash thy hallow'd feet, and warbling flow,
Nightly I visit: nor sometimes forget
Those other two equall'd with me in fate,
So were I equall'd with them in renown.
Blind Thamyris, and blind Mœonides,
And Tiresias, and Phineus, prophets old:
Then feed on thoughts, that voluntary move
Harmonious numbers; as the wakeful bird
Sings darkling, and in shadiest covert hid,
Tunes her nocturnal note.

Thus with the year
Seasons return; but not to me returns
Day, or the swett approach of even or morn,
Or sight of vernal bloom, or summer's rose,
Or flocks, or herds, or human face divine;

But cloud instead, and ever-during dark
Surrounds me, from the cheerful ways of men
Cut off, and for the boock of knowledge fair
Presented with a universal blank
Of nature's works, to me expung'd and ras'd,
And wisdom at one entrance quite shut out.
So much rhe rather thou, celestial light,
Shene inward, and the mind through all her powers
Irradiate; there plant eyes, all mist from thence
Purge and disperse, that I may see and tell
Of things invisible to mortal sight.

Mais, hélas! à mes yeux la lumière est ravie.
En vain leur globe éteint et roulant dans la nuit,
Cherche aux voûtes des cieux la clarté qui me fuit;
Tu ne visites plus ma débile prunelle.

Pourtant, des chants sacrés adorateur fidèle,
Ma muse, chère au ciel, anime encor ma voix;
J'erre encor sur ses pas sous la voûte des bois,
Au bord du clair ruisseau, sur la montagne altière,
Que pour d'autres que moi vient dorer la lumière.
Mais c'est vous, vous surtout, qui m'avez inspiré,
Montagne de Sion, et toi, ruisseau sacré,

Toi qui, baignant ses pieds avec un doux murmure,
Les caches sous des fleurs, les couvre de verdure :
Souvent aussi (des maux trop funestes rapports!)
J'évoque ces mortels fameux par leurs accords,
Qui n'ont de tes bienfaits gardé que la mémoire.
Votre égal en malheur, que ne le suis-je en gloire?
O vieux Tirésias, Homère, Thamyris!
Ainsi, de mille objets en silence nourris,
Mes vers coulent sans peine, et ma muse féconde
Reproduit dans mes chants les merveilles du monde;
Mais du moins dans mes maux j'imite leurs concerts,
Et mon cœur, sans efforts, se répand dans mes vers :
Tel au sein de la nuit et de la forêt sombre
L'oiseau mélodieux chante caché dans l'ombre.

Les ans, les mois, les jours, par une sage loi,
Tout revient; mais le jour ne revient pas pour moi :
Mes yeux cherchent en vain les fleurs fraîches écloses.
Mes printemps sont sans grâce et mes étés sans roses.
J'ai perdu des ruisseaux le cristal argentin,
La pourpre du couchant, les rayons du matin,
Et les jeux des troupeaux, et ce noble visage
Où le Dieu qui fit l'homme a gravé son image.
J'ai gardé ses malheurs et perdu ses plaisirs.
Où sont les doux tableaux si chers à mes loisirs?
Rien, rien de cette scène, en beauté si féconde,
Ne se peint dans ces yeux où se peignait le monde.
Vainement se colore et le fruit et la fleur;

Pour moi, dans l'univers, il n'est qu'une couleur.
Ma vue, à la clarté refusant le passage,
Des objets effacés ne reçoit plus l'image :
Tout est vague, confus, couvert d'un voile épais,
Et pour moi le grand livre est fermé pour jamais.
Adieu; des arts brillants la pompe enchanteresse,
Les trésors du savoir, les fruits de la sagesse;
La nuit engloutit tout. Eh bien! fille des cieux,
Éclaire ma raison au défaut de mes yeux;
Épure tout en moi par ta céleste flamme;
Mets tes feux dans mon cœur, mets tes yeux dans mon âme,
Et fais que je dévoile, en mes vers solennels,
Des objets que jamais n'ont vus les yeux mortels.

Je sais bien qu'on peut m'objecter qu'on rencontre aussi beaucoup d'aveugles, peut-être plus même, dans la classe ouvrière. Mais quelle différence d'origine! La cécité de cette classe est produite presque constamment par des perforations oculaires, par des taches opaques de la cornée, par des désorganisations des membranes de l'œil, suite de lésions traumatiques. C'est un forgeron qui reçoit un éclat de fer, c'est un tailleur de pierre qui reçoit un morceau de silex, c'est un bûcheron dont l'œil est frappé par un fragment de bois, c'est un moissonneur dans l'œil duquel s'introduit une épine; joignez à ces causes que ces pauvres gens, éloignés d'un homme spécial, manquent de soins éclairés, ou s'adressent à des compères et commères qui font perdre complètement un œil qu'un homme instruit eût sauvé; heureux encore le blessé si, en se livrant à leurs mains homicides, il ne perd pas le seul œil bon qui lui reste! Voici un fait de ce genre dont j'ai été témoin : il s'agit d'un enfant de quatorze ans auquel j'ai pratiqué l'opération de la pupille artificielle, dans le département des Côtes-du-Nord. Cet enfant avait reçu d'un de ses camarades un coup de couteau qui lui avait crevé et vidé l'œil droit; ses parents le conduisent de suite chez un ignare paysan, un *rebouteur oculiste* (qu'on me passe le mot). Que fait mon homme? Il place à demeure sur l'œil sain un emplâtre agglutinatif, avec recommandation de le laisser jusqu'à sa chute spontanée, qui n'a lieu qu'au bout de quinze jours. Que se passe-t-il sous cet emplâtre? Les mucosités de l'œil, les larmes, n'ayant pas d'issue, s'amassent, s'échauffent, la cornée est atteinte de ramollissement inflammatoire, de perforations, de taches indélébiles, et ce pauvre enfant, qui n'était que borgne par le coup de couteau, devient aveugle par le fait de cet infâme et ignorant rebouteur. A quoi donc servent les lois, si elles n'atteignent pas des gens qui n'ont d'autre titre que celui de l'ignorance!

La cécité des gens de lettres, au contraire, est presque toujours le résultat d'une désorganisation interne, ou d'une paralysie, soit de la rétine, soit du nerf optique, soit de la partie du cerveau qui donne naissance à ce nerf; et pour ce genre d'affection, point d'opération chirurgicale, mais un traitement long, difficile, quelquefois incertain, un repos prolongé auquel l'homme de cabinet ne veut pas se soumettre;

et c'est quand la maladie a acquis le degré de l'incurabilité, qu'on se décide à faire sévèrement les remèdes; mais il est trop tard, et le reste de la vie doit se passer dans les ténèbres.

Les conseils qui suivent s'adresseront particulièrement aux gens de cabinet; néanmoins les artistes, comme les peintres, les graveurs, les bijoutiers, etc., pourront y trouver des préceptes fort utiles pour la conservation de leurs yeux.

1° Matinée.

Loin de suivre la volonté de Dieu qui a fait du jour un instant de travail, et de la nuit un instant de repos, les gens du grand monde se font une habitude, une espèce de point d'honneur même, de veiller la nuit et de reposer le jour. Cependant rien n'est plus dangereux. Regardez ces jeunes femmes qui, pendant les plaisirs du carnaval, ont passé nuits sur nuits à l'éclat de mille bougies : comme leurs yeux sont mornes et languissants ! Un cercle d'une couleur livide apparaît à l'entour de ces organes si brillants autrefois, et les enveloppe comme d'un linceul de tristesse. S'il en est ainsi pour des personnes qui peuvent pallier à leurs fatigues par le repos du jour, qu'en adviendra-t-il pour les gens de cabinet qui, après avoir passé une nuit entière dans ces fêtes, sont obligés d'accomplir les travaux que le devoir de la profession leur impose?

Ainsi, nous engageons fortement à se lever avec le soleil; mais, qu'on ne se frotte pas les yeux avec les mains, ce qui a l'inconvénient, chez les personnes dont ces organes sécrètent une certaine quantité de chassie glutineuse, d'arracher un ou plusieurs cils, et de déterminer quelquefois des inflammations et des ulcérations des bords libres des paupières. Il suffit d'enduire les paupières avec un peu de salive, pour qu'elles s'ouvrent facilement et sans arrachement des cils.

Quand on est hors le lit, on procède aux lotions; mais ici se présente une question : Emploiera-t-on toujours de l'eau froide, comme on le fait habituellement en France, ou bien emploiera-t-on constamment de l'eau chaude, comme on le fait généralement en Angleterre? Pour être logique dans la solution de cette question, on doit se demander quelle est la température de la contrée qu'on habite? Eh bien! chez nous, elle est moyenne et surtout très-variable; il doit donc s'ensuivre qu'on doit varier aussi la température de l'eau qui doit nous servir à laver nos yeux. Ainsi, dans l'hiver, quand l'air extérieur est à une température beaucoup plus basse que celle de notre corps, si on se lave les yeux à l'eau froide, il en résultera que l'eau qu'on a introduite dans les yeux, ne trouvant pas dans l'air extérieur une force évaporante suffisante, restera longtemps en contact des yeux, et pourra déterminer dans la muqueuse oculaire (conjonctive) une affection catarrhale, ou dans la fibreuse oculaire (sclérotique) une affection rhumatismale. L'expérience est venue confirmer la justesse de ce raisonnement. En effet, le célèbre Beer, oculiste allemand, avait remarqué, sur un très-grand nombre de sujets, que l'ophthalmie catarrhale et l'ophthalmie rhumastismale sévissaient particulièrement chez les personnes qui avaient l'habitude de se laver tous les matins les yeux à l'eau froide, dans la saison la plus rigoureuse de l'année.

Il est donc nécessaire, dans l'hiver, de se servir d'eau légèrement chaude, mais variant néanmoins, tant avec la température de l'extérieur, tant avec celle de l'appartement qu'on habite; il est même bon d'y ajouter quelques gouttes d'eau-de-vie, d'eau de Cologne, ou de toute autre espèce d'alcoolat de toilette, ce qui facilite beaucoup l'évaporation de l'eau. On doit se servir d'une éponge très-fine et laver à grande eau; après quoi on passe sur les yeux un linge de toile très-fin, très sec, et blanc de lessive.

Dans l'été, comme la température extérieure est beaucoup plus élevée, on peut employer l'eau froide; mais il sera toujours convenable d'y ajouter quelques gouttes de spiritueux, car, dans notre pays, la température de l'air n'est jamais à l'unisson de celle du corps. En outre, j'engagerai les personnes sujettes aux inflammations catarrhales ou rhumatismales, à ne jamais se servir d'eau froide, même dans l'été. Je sais bien que je suis en opposition avec un axiome généralement admis : que l'eau froide ne fait jamais de mal aux yeux; mais j'ai pour moi le raisonnement physiologique, mon expérience, et surtout l'autorité de Beer. Je sais bien que l'eau froide convient aux inflammations traumatiques de l'œil, aux irritations mécaniques; mais je sais bien aussi qu'elle ne convient nullement aux inflammations catarrhales ou granuleuses, et encore moins aux inflammations rhumatismales, et qu'elle peut même déterminer ces affections chez les personnes qui y sont prédisposées.

Quand la toilette est finie, on doit faire une promenade d'une demi-heure, afin que le sang, qui, pendant le sommeil, avait afflué au cerveau, et en même temps aux yeux, se répande régulièrement dans tout l'organisme par un exercice modéré. Cette promenade doit être faite dans un jardin, ou si elle est faite dans la chambre, on doit en ouvrir les fenêtres, sans toutefois établir de courant d'air; ainsi, dans un appartement disposé de manière qu'il soit éclairé de deux côtés, et qu'il y ait des fenêtres opposées, on ne devra ouvrir que celles d'un même côté; car autant les yeux se trouvent bien du contact d'un air vif et pur, autant ils se trouvent mal, quand on les expose à un courant rapide, resserré et condensé, comme celui qui résulte de deux ouvertures opposées d'un apparment.

La promenade terminée, on se met au travail,

et alors le cerveau, les yeux et tout l'organisme, se trouvent dans la meilleure disposition pour fournir à leur carrière. Un quart-d'heure avant le déjeûner, une petite promenade est encore utile, car le système nerveux est surexcité par les travaux qu'on vient de quitter, l'estomac même ne parle pas; mais après quelques minutes de mouvement général, cet organe éprouve un sentiment de désir, c'est la faim, et il est dans les meilleures conditions pour qu'il se fasse une bonne digestion.

2° Journée.

Après le déjeûner, il est utile de consacrer au moins une heure, soit encore à la promenade, soit à des travaux manuels qui exigent le moument de tout le corps; le travail du tour, par exemple, le jardinage, le jeu de billard, etc. Tout le monde n'a-t-il pas observé combien, après un repas copieux, l'esprit est lourd et épais; et rien n'est plus facile à expliquer, car en ce moment l'estomac reçoit pour l'élaboration de la digestion un afflux sanguin et nerveux considérable. Laissons-le travailler seul, et quand ce torrent commencera à se calmer, que le sang et que le fluide nerveux seront répandus uniformément dans tout l'organisme, faisons alors fonctionner le cerveau. Ce dernier, frais, dispos, pour ainsi dire neuf, enfantera les idées les plus brillantes, les plus sublimes, les plus gigantesques, les plus savantes, les plus positives, etc., suivant qu'il appartiendra au poète, au philosophe, au conquérant, au mathématicien, au capitaliste, etc.

Pendant la journée, il est de la plus grande importance de varier les travaux, ou de donner quelques instants de repos. Ainsi, quand vous venez de déchiffrer avec peine l'écriture fine et irrégulière d'un manuscrit, quand vous sentez une espèce de picottement entre les paupières et le globe de l'œil, lorsque les lettres se couvrent d'un léger brouillard, et que vous avez besoin de faire des efforts pénibles pour continuer votre lecture, arrêtez-vous; il est temps; ouvrez la fenêtre de votre appartement; donnez à l'œil et à la tête un bain d'air; réfléchissez à la lecture que vous venez de faire; elle ne s'en gravera que mieux dans votre esprit. Pendant ce temps, vos yeux fatigués se remettront, et seront bientôt aptes à recommencer le travail avec une nouvelle force.

C'est, en effet, un fait constant que tout organe a besoin de repos, et que tout organe s'use vite par un travail prolongé; aussi M. Mackenzie, oculiste de la reine d'Angleterre, professeur d'ophthalmologie à l'hôpital ophthalmique de Glascow, a-t-il remarqué que les tailleurs et les couturières voient beaucoup mieux le lundi que le samedi, le repos du dimanche influant d'une manière salutaire sur un organe aussi délicat. J'ai eu souvent l'occasion de vérifier l'exactitude de l'assertion de M. Mackenzie.

Si votre travail de la journée se partage en deux heures de lecture et deux heures d'écriture, tâchez de le coordonner, s'il est possible, de manière que vous lisiez pendant une demi-heure, que vous écriviez pendant une autre demi-heure, et ainsi de suite, alternativement. De même les bijoutiers, les horlogers, etc., qui ont deux heures de travail à la loupe et deux heures de travail plus grossier, devront-ils entremêler de demi-heure en demi-heure le travail à la loupe et les autres occupations de leur état. Mais rien n'est plus pernicieux, pour ces artistes, que de se servir toujours du même œil; ils doivent donc de toute nécessité se servir aussi alternativement de l'œil gauche et de l'œil droit.

Après le travail de la journée vient le dîner. On doit observer, avant et après, les mêmes préceptes que ceux que nous avons établis avant et après le déjeûner. Avant de quitter ce point, disons cependant qu'il est convenable de manger avec lenteur, et de consacrer environ une heure à chaque repas, quand on n'en fait que deux par jour. Bien entendu que les personnes qui en font davantage peuvent les faire plus courts sans aucun inconvénient; surtout qu'on ne lise pas en mangeant, mais que l'on se délasse par une conversation gaie, entraînante, et n'ayant trait à rien de sérieux.

3° Soirée.

Pendant les longs jours de l'été, qu'on s'est levé de grand matin, on peut appliquer à la soirée les préceptes ci-dessus énoncés au chapitre précédent. Mais l'hiver, une partie du printemps et de l'automne, les jours ne sont plus assez longs pour suffire aux travaux de la plupart des hommes de cabinet; alors donc on est obligé d'avoir recours à la lumière artificielle.

Je commence par engager fortement les personnes qui le peuvent de ne point se livrer à ce moment aux travaux de l'écriture, de la lecture, de l'aiguille, etc.; mais il n'en faut pas moins aborder les conseils utiles aux personnes qui sont absolument obligées de travailler le soir. Voici un des points les plus difficiles de ma tâche, car, malgré l'observation des préceptes les plus rationnels, il sera de toute impossibilité d'occuper les yeux sur des travaux fins, à la lumière artificielle, sans les exposer à une fatigue excessive. Néanmoins, il sera important de connaître quels sont les moyens capables d'affaiblir le plus possible les dangers résultants du travail à la lumière artificielle.

De nos jours, la lumière artificielle s'obtient de quatre manières : 1° par le gaz; 2° par les lampes à l'huile; 3° par la chandelle de suif; 4° par les bougies de cire ou stéariques.

1° Gaz. — Il est certain que l'appropriation du gaz hydrogène à la production de l'éclairage est une découverte des plus belles et des plus utiles; mais il n'en est pas moins vrai que la lumière produite par la combustion de ce gaz est une lumière éblouissante, qui fatigue énormément les yeux. Aussi, a-t-on fait récemment des expériences en Angleterre sur une grande échelle : On a pris un très-grand nombre d'individus dans les manufactures éclairées par le gaz; on en a pris le même nombre dans les manufactures éclairées à l'huile; on a compté le nombre des maladies oculaires dans les deux catégories, et on est arrivé à ce résultat, que c'était dans les manufactures éclairées au gaz que l'on rencontrait le plus de maladies d'yeux, maladies caractérisées le plus souvent par des inflammations ou des congestions de la rétine et de la choroïde. Certes, nous ne blâmerons pas l'usage du gaz pour l'éclairage des villes, des salles de spectacle et autres lieux publics; mais nous ne saurions trop énergiquement manifester notre opinion, quand il s'agit de la santé de pauvres petits malheureux, étiolés, déjà rendus vieux par un travail au dessus de leur force, souvent fait aux dépens de leur sommeil et au rayonnement éclatant du gaz. Je pense donc que l'emploi du gaz doit être nécessairement rejeté par les personnes qui se livrent aux travaux fins ou de cabinet.

2° LAMPES A HUILE. — Ce système d'éclairage est celui qui convient le mieux pour les manufactures, toujours situées dans de vastes bâtiments où il y a constamment renouvellement de l'air; mais chez un particulier, ce n'est point encore ce qu'il y a de plus convenable; car la vapeur fuligineuse qui s'exhale des lampes à huile est irritante pour l'organe de la vue, et en même temps pour l'organe pulmonaire, qui la respire.

3° CHANDELLES DE SUIF. — C'est le plus mauvais système, et c'est malheureusement le plus employé, parce qu'il est le plus nécessaire à la classe laborieuse. La couleur rouge de la flamme, l'odeur et la vapeur infecte qui s'en exhalent, le désagrément de moucher continuellement la mèche, tous ces inconvénients se réunissent pour que je la proscrive énergiquement du cabinet de l'homme de lettres et de l'artiste.

4° BOUGIES DE CIRE, OU STÉARIQUES. — Nous conseillons aux gens de cabinet de se servir des bougies, qui donnent une lumière blanche toujours égale; mais il faut avoir soin qu'il n'y ait dans l'appartement aucun courant d'air; faute de cette précaution, on aurait une flamme vacillante, inégale, qui fatiguerait considérablement la vue.

L'intensité lumineuse des bougies stéariques du commerce étant assez faible, il est convenable de s'éclairer avec deux de ces bougies; une seule serait insuffisante, et l'œil éprouverait une fatigue par une trop grande application : car autant une lumière éblouissante est dangereuse par ses effets sur la rétine, autant une lumière trop faible offre d'inconvénients, en obligeant les yeux à mettre en jeu toute la force d'action dont ils sont capables.

Il est reconnu que le travail de l'écriture est moins fatigant pour la vue que celui de la lecture; et ceci se conçoit parfaitement. En effet, quand on lit, les yeux sont continuellement appliqués sur les lignes d'impression, et ne peuvent pas les quitter un instant sans qu'il en résulte une interruption dans le sens de la phrase parcourue. Quand on écrit, au contraire, les yeux ne fixent pas constamment les mots que l'on forme, souvent ils se délassent sur des objets éloignés, tandis que la main continue de tracer les lettres; et puis, il y a des instants de repos beaucoup plus longs et beaucoup plus fréquents que dans la lecture.

En conséquence, nous conseillerons à l'homme de cabinet de conserver pour le soir, de préférence, les travaux d'écriture; à l'artiste, les travaux les plus grossiers; aux femmes, le tricot, la tapisserie. Rien n'est plus mauvais pour les yeux que la couture sur le noir, la broderie, et toute espèce de travail d'aiguille fin, à la lumière artificielle. Je dois aussi prémunir les personnes qui lisent le soir contre une habitude nuisible, qu'elles ont le plus souvent, de placer la lumière au bord d'une table, et de tenir le livre ouvert latéralement par rapport à la lumière. Il résulte de cette disposition que la partie du livre la plus rapprochée de la lumière est plus éclairée que l'autre, et que l'œil le plus éloigné de la lumière est obligé de faire des efforts plus considérables que celui qui en est le plus près. De cette action inégale des deux yeux résulte, ou une très-grande fatigue pour celui qui est le plus loin, ou une trop grande excitation pour celui qui est le plus proche. Lors donc qu'on veut lire le soir, le livre doit être placé sur la table, un peu incliné en forme de pupitre, et situé entre le lecteur et la lumière, de manière que cette dernière se répartisse uniformément sur toute sa surface.

Situation et disposition du cabinet d'étude.

Le cabinet d'étude doit être situé au nord, afin que les yeux soient garantis des rayons solaires directs. Qu'il ne se trouve pas au rez-de-chaussée, surtout dans une ville où les rayons solaires sont réfléchis inégalement par un pavé blanc et brillant; mais il peut être au rez-de-chaussée avec un grand avantage, quand, devant la fenêtre, s'étale un gazon, une prairie, dont la réflexion verte est fort agréable et très-douce pour les yeux. On doit éviter encore, en le plaçant à un étage supérieur, qu'il ne se trouve en face d'une maison blanche, qui produira, quoiqu'à un moindre degré, le même rayonnement que le pavage des rues.

La meilleure situation est certainement, pour un cabinet de travail, un étage élevé, l'exposition au nord, la vue de la campagne ou de vastes jardins. Mais comme il est impossible à tout le monde d'obtenir ce résultat, dans les cas où les rayons solaires parviendront à la fenêtre du cabinet d'étude, soit directement, soit par réflexion, on pourra en mitiger considérablement les effets, en tendant au devant de la fenêtre un rideau d'une étoffe bleue qui ne soit ni trop opaque, ni trop transparente.

L'ameublement du cabinet d'étude devra être d'un bleu atmosphérique, le papier d'un vert tendre, en rapport avec la verdure des prairies. Qu'on n'y remarque pas une abondance d'objets de parure, en cristal ou autre matière brillante; mais, que l'œil puisse se reposer agréablement sur quelques paysages simples et de bon goût. C'est avec cette simplicité toute champêtre qu'était meublé le cabinet d'étude du célèbre Buffon. Le bureau sur lequel on écrit doit autant que possible faire face à la croisée. Mais, si la disposition de l'appartement s'y oppose, le bureau doit être placé de manière que l'écrivain ait la croisée à sa gauche; car si la croisée était à sa droite, il y aurait toujours une ombre qui précéderait sa plume sur le papier où il trace ses lignes, et il s'ensuivrait encore un effet nuisible pour les yeux. Dans la belle saison, il est convenable de laisser la fenêtre ouverte, afin qu'on respire un air frais et sans cesse renouvelé; mais, dans la saison rigoureuse, il n'est plus possible de se comporter ainsi; on doit tout fermer pour empêcher l'air froid de pénétrer; c'est alors qu'on allume le feu de la cheminée, et c'est alors aussi qu'en s'approchant trop près d'un feu rouge et vif, on expose ses yeux à un grand danger; aussi devrait-on toujours mettre un écran entre la cheminée et l'organe de la vue. Il faudra aussi renouveler trois à quatre fois par jour l'air de l'appartement, car, sans cette précaution, il deviendrait trop chargé d'acide carbonique, et les organes respiratoires, le cerveau et les yeux, se ressentiraient d'une manière fâcheuse de cet agent délétère.

Influence des différents systèmes et appareils d'organes sur celui de la vue.

Qui de nous n'a point observé la liaison sympathique qui existe entre nos yeux et les autres organes de la vie? Il suffira d'en citer un exemple. A quoi attribuer, si ce n'est à cette liaison sympathique, le vomissement qui survient à l'aspect d'objets dégoûtants et immondes? Or donc, si l'estomac peut se ressentir d'une impression plus ou moins désagréable reçue par les yeux, le contraire peut aussi arriver, à savoir : que les yeux peuvent se ressentir d'un état plus ou moins morbide de l'estomac. Aussi, l'étude de la pathologie oculaire nous fait-elle voir souvent des amblyopies, des amauroses, dont on chercherait vainement la cause, soit dans l'appareil optique lui-même, soit dans l'appareil cérébral dont il n'est qu'une continuation. Cette cause, qui échappe au praticien localisateur qui ne voit pas plus loin que l'organe malade, n'échappera pas à celui qui remonte à la source de la maladie; et ce dernier, en débarrassant l'estomac des matières saburrales qui l'encombrent, rendra souvent la vue à un malade dont l'affection avait résisté jusqu'alors à tous les remèdes portés directement contre elle. Donc, pour être bon oculiste, il faut avant tout être bon physiologiste; en un mot, être bon médecin.

Ainsi, nous allons passer rapidement en revue les différents systèmes de notre organisation qui peuvent avoir des relations sympathiques avec l'organe de la vue.

Peau ou système cutané.

On doit porter des vêtements d'une capacité thermométrique relative à la température extérieure, ou à celle de l'appartement qu'on habite. Si on porte des habillements trop lourds, trop échauffants, et trop mauvais conducteurs du calorique, il en résultera une gêne de la circulation et de la respiration, une congestion cérébrale et nécessairement oculaire. Si, au contraire, on porte des habillements trop légers et trop bons conducteurs du calorique, il y aura arrêt ou diminution de la transpiration cutanée, et il en pourra résulter une ophthalmie rhumatismale ou catarrhale, suivant que l'individu est plus ou moins prédisposé aux affections rhumatismales ou catarrhales. Tout le monde sait qu'après un froid aux pieds, survient souvent une coryza, vulgairement appelée rhume de cerveau, et que, souvent aussi, l'inflammation de la muqueuse nasale se propage à la muqueuse oculaire par continuité de tissu, en suivant le chemin du canal nasal et des conduits lacrymaux. Aussi, dans l'habillement, est-ce celui des pieds qui doit être le plus chaud, et là, une trop grande chaleur ne présente pas l'inconvénient de la trop grande chaleur du corps, parce que la surface est petite et très-éloignée des centres respiratoires et nerveux. C'est pourquoi, il vaut mieux pécher en chaussant les pieds d'un bas trop chaud, que pécher en les chaussant d'un bas trop frais et trop léger.

L'écrivain, l'artiste sédentaire, doivent toujours avoir la tête découverte dans le cabinet de travail. La tête ne reçoit-elle pas assez de sang et naturellement assez de chaleur, sans qu'il soit besoin de la couvrir d'une épaisse coiffure, qui, empêchant l'évaporation de la transpiration, met cette partie du corps dans un véritable bain de vapeur, et détermine bientôt des congestions cérébro-oculaires, quelquefois même des apoplexies. Loin de nous, cependant, la pensée d'engager les personnes, qui ont habituellement la tête couverte, à quitter cette habitude instantanément et sans transitions, car alors il en pourrait résulter une répercussion fâcheuse; mais en allant par gradation, et en passant insensiblement d'une toque plus chaude à une qui l'est moins, on arrivera à n'en plus porter du tout. Il serait aussi à désirer que, pour le dehors, on adoptât un genre de coiffure qui permît à la transpiration céphalo-cutanée de s'échapper à l'extérieur, à mesure de sa formation. Déjà, du reste, quelques chapeliers ont-ils fait fabriquer des chapeaux et des casquettes munies de ventouses; ce système de coiffure est très-hygiénique, et on ne peut qu'engager les consommateurs à en faire usage, et les fabricants à y introduire tous les perfectionnements nécessaires, pour que la commodité ne nuise pas à l'élégance.

Appareil de la digestion.

J'ai déjà parlé de la liaison sympathique qui existait entre les yeux et l'estomac. Aussi, ce dernier doit-il être toujours à l'état normal, pour que les yeux ne se ressentent pas de l'irrégularité ou de l'aberration de son action. Il suffit d'un embarras gastrique un peu prononcé pourproduire une amblyopie, quelquefois même une amaurose complète. La présence des vers, chez les enfants, ne donne-t-elle pas lieu presque constamment à une dilatation plus ou moins forte des pupilles, et quelquefois aussi à une véritable mydriase. Eh bien ! dans ce cas, et dans beaucoup d'autres que l'on pourrait citer, débarrassez l'estomac des matières saburrales et des vers qui l'encombrent, et les symptômes morbides oculaires disparaissent comme par enchantement.

Qu'il existe un très-léger commencement d'inflammation du foie, ou bien encore que les conduits excréteurs de cet organe viennent à s'oblitérer légèrement, c'est encore la conjonctive oculaire qui vient en aide au praticien, pour éclairer son diagnostic; car, dans ce cas, elle prend une teinte jaune, bien avant que les autres tissus fassent voir à l'observateur, par leur coloration jaune, que la bile a été absorbée et portée dans le torrent de la circulation.

Les intestins doivent toujours être entretenus dans un état ordinaire de liberté; car c'est une chose remarquable combien sont congestionnés les yeux des personnes habituellement constipées. Aussi l'homme de cabinet, l'artiste sédentaire, devront-ils se nourrir avec des aliments peu échauffants et faire usage de boissons très-aqueuses et prises en grande quantité. Un moyen bien simple, que j'ai souvent entendu préconiser par M. Marjolin, consiste à prendre tous les matins, en sortant du lit et à jeun, un verre d'eau froide. Si, malgré ce moyen, on ne détruisait pas la constipation, il faudrait avoir recours aux lavements simples ou huileux, à la température du corps. Nonobstant l'emploi de ce dernier moyen, qui n'agit, il est vrai, que sur la fin du canal intestinal, s'il arrive que l'homme sédentaire ne puisse pas parvenir à obtenir des selles à demi-liquides et quotidiennes, il devra prendre, une ou deux fois la semaine, un purgatif à faible dose, mais non point un purgatif choisi parmi ceux qui purgent par *irritation*, mais parmi ceux qui purgent par *lubréfaction*. Ainsi, l'huile de ricin, d'olives, d'amandes douces, le beurre frais, etc. Toutefois, il y a un inconvénient à user souvent des purgatifs : c'est que le canal intestinal s'habitue à ne fonctionner librement que par leur intervention, et l'homme de cabinet qui s'en sera servi pendant un laps de temps assez considérable, sera-t-il probablement obligé de s'en servir le reste de ses jours. C'est pourquoi j'engagerai fortement à maintenir la liberté du ventre par une nourriture appropriée, par des boissons aqueuses abondantes, par un exercice corporel souvent répété, et enfin par le verre d'eau fraîche pris le matin à jeun.

Appareils de la respiration et de la circulation.

Que la respiration soit gênée, un vêtement

trop lourd, trop serré, une cravate trop chaude et étranglant le cou, de suite il y aura stase du sang veineux dans le cerveau et dans l'œil, et ce dernier prendra une teinte d'un rouge livide, en même temps qu'il éprouvera un sentiment de pression produite par la dilatation des veines oculaires.

Que la circulation soit activée par une forte fièvre, ou par l'ingestion de boissons stimulantes, vin, eau-de-vie, café; la circulation artérielle cérébro-oculaire est fortement développée, l'œil devient d'un rouge brillant et semble vouloir sortir des orbites. La colère produit le même effet; aussi entend-on souvent dire, en parlant d'un homme ivre ou emporté par la colère : *Les yeux lui sortent de la tête.*

Il est donc évident que, si l'œil est congestionné par la stase du sang veineux ou par l'afflux du sang artériel, il sera facilement pris d'inflammation à la moindre cause déterminante; car, de la congestion sanguine à l'inflammation, il n'y a qu'un pas. Aussi, l'homme qui se livre aux travaux de l'esprit devra-t-il éviter tout ce qui pourra gêner la respiration ou activer la circulation, et il serait inutile de m'étendre davantage sur ce sujet en donnant des préceptes déjà énoncés plus haut.

Appareil urinaire.

La plus ou moins grande quantité des urines, leur plus ou moins de limpidité ou de trouble, ont sur les yeux une influence peu marquée. Néanmoins, on fera bien de ne jamais laisser cumuler une trop grande quantité d'urines dans la vessie, accident qui arrive souvent aux femmes, qui, par bienséance sociale, ne peuvent satisfaire à leurs besoins aussi souvent que la nature le commande. Dans cet état de réplétion vésicale, il y a une douleur vive dans les parties génitales et la partie inférieure de l'abdomen; cette douleur réagit sur les centres nerveux et la circulation artérielle; le visage devient pourpre, les yeux rouges et humides de larmes, et il ne serait point irraisonnable d'admettre que, dans certaines circonstances, les yeux s'en ressentissent d'une manière plus ou moins fâcheuse.

Appareil cérébro-spinal.

Il suffit de se rappeler la disposition anatomique de l'œil, qui n'est, à proprement parler, qu'une prolongation du cerveau, pour comprendre quelle intime liaison existe entre ces deux organes. Que les nerfs optiques subissent une compression par le développement d'une tumeur ou par l'épanchement d'un liquide à la base du crâne, que le cerveau soit malade à l'origine de ces nerfs, il s'ensuivra bien évidemment une perte plus ou moins absolue de la vision. Eh bien! guérira-t-on la cécité en agissant directement sur l'œil? Non. C'est contre l'affection du cerveau ou de ses membranes que doit être dirigé le traitement, si on veut apporter des modifications avantageuses à l'organe de la vue. Que le nerf de la troisième paire vienne à être atteint de paralysie : il en résultera un strabisme externe (on se rappelle, en effet, que le nerf de la troisième paire se distribue aux muscles, droit interne, droit supérieur, droit inférieur, petit oblique, et élévateur de la paupière supérieure, et que le muscle droit externe reçoit à lui tout seul un nerf qui est le nerf de la sixième paire), et une chute de la paupière supérieure. Guérirait-on dans ce cas la difformité par une opération? Evidemment non. La cause encore est dans l'encéphale; c'est là qu'il faut la chercher; c'est là qu'il faut la trouver; c'est là qu'il faut la combattre; c'est là qu'il faut la détruire; sinon, pas de guérison dans la paralysie oculaire.

On voit donc qu'il faut éviter tout ce qui peut congestionner le cerveau ou ses membranes. Ainsi, les passions violentes, un exercice musculaire porté à un très-haut degré, surtout la tête baissée, les boissons alcooliques et excitantes, sont autant de causes auxquelles on ne doit pas s'exposer. Les passions tristes, la nostalgie, l'hypocondrie, ont aussi une influence fâcheuse sur les yeux, et la plupart du temps le praticien est impuissant à les combattre.

Certaines affections oculaires dépendent quelquefois de lésions traumatiques ou idiopathiques de la moëlle allongée; aussi voit-on, dans plusieurs traités de médecine oculaire, désignée sous le nom d'amaurose spinale, l'amaurose dont la cause paraît résider dans une affection de la moëlle.

Menstruation et hémorrhoïdes.

L'apparition des règles chez les jeunes filles vient souvent guérir comme par enchantement des ophthalmies, la plupart du temps lymphatiques, et qui avaient résisté pendant un certain temps aux médications les plus rationnelles. La disparition, au contraire, de ce flux périodique a souvent pour résultat des affections oculaires plus ou moins graves. Il en est de même de leur irrégularité et de leur cessation momentanée; aussi, l'attention du praticien qui observe une ophthalmie, conjointement avec une irrégularité, difficulté, ou suppression de la menstruation, doit-elle se porter sur la matrice, dont on doit rétablir les fonctions, si on veut triompher de l'affection qu'elle a produite par l'aberration, le retard, ou la cessation de l'écoulement sanguin périodique. Il en est de même pour les personnes des deux sexes sujettes à un flux hémorrhoïdal plus ou moins périodique : si cette perte sanguine vient à s'arrêter subitement, soit par une circonstance indépendante de la volonté, soit par des remèdes portés contre elle, on doit craindre une congestion oculaire, et ceci n'est malheureusement que trop fréquent.

Par conséquent, les femmes doivent éviter

tout ce qui est capable de déranger la régularité de leurs époques, et doivent faire, au contraire, tout ce qu'il est possible, médicalement parlant, pour favoriser leur apparition, quand elles sont tardives, ou pour les ramener à leur état normal, quand elles sont dérangées. De même, les hommes sujets aux hémorrhoïdes fluantes ne doivent-ils rien faire pour arrêter cet écoulement, et doivent-ils, au contraire, les rappeler par des moyens efficaces, quand elles se trouvent supprimées par telle ou telle cause plus ou moins appréciable.

Un très-grand nombre d'amblyopies et d'amauroses n'ont pas d'autre cause, et l'on obtient une cure radicale en rendant aux flux menstruel ou hémorrhoïdal la régularité qu'ils possédaient antérieurement. Il arrive encore qu'on obtient le même résultat dans le cas où l'on ne peut pas rappeler ces flux sanguins, en y suppléant par une perte sanguine artificielle opérée à l'aide de sangsues placées dans l'endroit même où la perte sanguine naturelle devait s'effectuer. On voit donc toute l'importance qu'il y a à maintenir la régularité des flux sanguins, soit naturels, comme les règles, soit habituels, comme les hémorrhoïdes.

L'étude de la menstruation nous mène naturellement à dire quelque chose des fleurs blanches, qui ne sont, la plupart du temps, qu'un effet d'une mauvaise constitution générale, et sont presque toujours accompagnées d'un état anémique de l'estomac, qui digère mal les aliments qui y sont ingérés. Ces fleurs blanches ont presque toujours pour cause l'usage du café au lait; aussi les voit-on bien plus fréquemment dans les villes que dans les campagnes. Néanmoins, il y a des fleurs blanches qui ont pour cause une irritation mécanique, ou bien qui sont la suite d'inflammations antérieures vaginales ou utérines : cette dernière espèce a peu d'influence sur les yeux; mais dans la première espèce, on remarque presque constamment un état anémique très-prononcé de la conjonctive oculaire, qui est pâle et blafarde; l'œil a un regard mourant; il est incapable de supporter un travail continu; la paupière supérieure s'abaisse malgré la volonté, et il survient quelquefois une amblyopie ou une amaurose asthénique. (Et ici ce ne serait pas le cas d'employer les antiphlogistiques, les dérivatifs et les médicaments fondants, qui ne feraient qu'aggraver la maladie; au contraire, si l'on veut triompher de cette affection, c'est en rétablissant la constitution délabrée, par un régime fortifiant et réparateur, par un exercice modéré et au grand air.)

On ne saurait donc trop recommander aux femmes d'éviter tout ce qui peut déterminer ou entretenir les fleurs blanches, si elles veulent conserver la bonté de leur vue jusqu'à un âge avancé.

Appareil de la génération.

Si une continence forcée produit quelquefois

des congestions cérébro-oculaires, et prédispose l'œil à différentes inflammations, quels désordres fâcheux, dans l'économie animale toute entière, et particulièrement dans les yeux, sont produits par l'excès dans les plaisirs de l'amour.

Si quelquefois on voit de jeunes mariés éprouver des amblyopies, des congestions rétiniennes, qui se dissipent le plus souvent par un repos naturel après de pareils excès, combien voit-on de vieillards, qui ont cru se rajeunir en épousant de jeunes femmes, payer par une cécité incurable les plaisirs forcés dont ils ont voulu jouir.

L'habitude pernicieuse de la masturbation, en donnant lieu chez les jeunes gens à des pertes précoces que leur organisation non encore développée ne peut réparer, chez les jeunes filles à une exaltation nerveuse portée au plus haut degré, exerce sur l'organe de la vue l'influence la plus fâcheuse; et, tel jeune homme et telle jeune fille, atteints de ce funeste penchant, seront frappés d'amaurose, quand, arrivés à un âge raisonnable, ils se livreront aux différents travaux commandés par leur position sociale, avec des yeux affaiblis antérieurement par des jouissances anticipées et trop malheureusement répétées. Toutefois, disons en terminant, que chez les femmes les excès vénériens ont une influence moins marquée que chez les hommes, et cela se conçoit aisément, quand on considère quelle énorme différence existe entre l'homme et la femme sous le rapport des pertes occasionées par le coït.

Ainsi, jeunes gens, soyez prudents en usant modérément de plaisirs qui perdent tout leur charme dès qu'on en abuse, et qu'on va au devant d'eux sans en ressentir le besoin, et qui sont au contraire bien plus vifs quand ils se laissent désirer.

Vous, vieillards libertins, auxquels il faut les appas séduisants d'une jeune fille, auxquels il faut des irritations mécaniques pour réveiller vos sens paresseux et endormis, laissez ces plaisirs à la jeunesse, et jouissez seulement de vos souvenirs.

Et vous, enfin, pères et mères de famille, vous ne pouvez porter trop d'attention sur les habitudes plus ou moins funestes que peuvent contracter vos enfants. C'est pourquoi, quand vous verrez leur facies tiré, leurs yeux mornes et languissants, ne pouvant facilement supporter le travail, leur pupille dilatée outre mesure, redoublez de soins, de précautions; employez les remontrances d'abord, et enfin la force, si vous désirez que, plus tard, ces mêmes enfants ne soient arrêtés au milieu de leur carrière par l'apparition d'une cécité plus ou moins complète, mais dont la source remonte à la pernicieuse habitude de la masturbation.

On sera peut-être surpris de ne point voir figurer dans cette hygiène oculaire quelques remèdes contre les affections des yeux les plus légères. A cela je répondrai d'abord que ce n'est plus de l'hygiène, mais bien de la thérapeutique, quand on indique les moyens de guérir une affection quelconque. La véritable hygiène borne ses conseils à indiquer les moyens qu'il faut employer pour conserver nos organes dans leur état de santé naturel, et, par conséquent, pour les préserver des affections qui peuvent les assaillir. Et puis, en outre, il n'existe pas de lésion oculaire, quelque légère qu'elle soit en apparence, sur la nature de laquelle un homme du monde ne puisse se tromper, et l'erreur, dans ce cas, peut avoir des conséquences funestes, comme nous l'avons démontré en parlant de la disposition anatomique des artères ciliaires antérieures. Ainsi, le symptôme morbide caractérisé par les mouches volantes, contre lesquelles on prescrit telle médication dans certains livres d'hygiène oculaire, peut, au contraire, être aggravé, quand on ignore la nature même de ce symptôme.

Les mouches volantes peuvent, en effet, avoir pour cause des taches partielles de la cornée presqu'invisibles sans le secours de la loupe; des taches partielles du cristallin ou de sa capsule; des paralysies partielles, des congestions partielles de la rétine; des varices des vaisseaux choroïdaux; et tel traitement qui convient à une espèce ne convient point à une autre. Lors donc qu'il surviendra dans les yeux de l'homme de cabinet ou de l'artiste quelque chose d'insolite, qu'il consulte un médecin ayant des connaissances spéciales sur les affections oculaires; et si ce conseil était plus souvent suivi, on ne verrait pas des lésions légères et curables dégénérer en lésions incurables, par défaut de traitement ou par un traitement anti-rationnel.

Je me bornerai à indiquer ce qu'il convient de faire contre un accident qui survient souvent aux personnes qui se livrent aux travaux fins ou de cabinet; accident que ces personnes peuvent fort bien apprécier, et qui consiste dans un picottement que l'on ressent dans la conjonctive oculaire et palpébrale, dans une plus grande sécrétion de larmes, et dans une espèce de confusion que l'on éprouve en lisant, écrivant, ou travaillant à des objets très-menus. La première chose à faire, quand on éprouve cet accident, consiste à quitter le travail pendant quelques instants, à se promener dans son appartement ou au dehors, sans fixer précisément aucun objet, et à appliquer sur les yeux, pendant quelques minutes, une éponge trempée dans une solution légèrement évaporante et légèrement astringente, comme celle qui suit, par exemple :

Eau distillée. . . . 500 grammes.
Borax. . . . . . . 5 grammes.
Alcool. . . . . . . 10 grammes.

Lunettes.

L'invention des lunettes est due à un gentilhomme florentin nommé Armati, et ce fut vers la fin du XIIIe siècle. Cette découverte fit une grande sensation à cette époque; car auparavant les presbytes et les myopes à un très-haut degré étaient voués à une demi-cécité incurable, et mille savants qui ne pouvaient plus se livrer à la lecture ou à l'écriture, mille artistes qui ne pouvaient plus se livrer à leurs travaux, récupérèrent la netteté de leur vue, comme par enchantement. On ne conçoit pas néanmoins comment l'idée de cette découverte ne vint pas plus tôt, car de l'emploi des boules de verre pleines d'eau, à celui des lunettes, il n'y avait qu'un pas; et il est hors de doute que les boules de verre pleines d'eau étaient employées dès la plus haute antiquité, pour grossir et éclairer davantage les objets; le passage suivant de Sénèque, auteur latin, vient à l'appui de cette assertion : *Litteræ, quamvìs minutæ et obscuræ, per vitræam pilam, aquâ plenam, majores clarioresque cernuntur.*

Mais on pense bien que les verres de lunettes

ont suivi une échelle de gradation pour arriver à la perfection qu'on leur a donnée de nos jours.

En combinant les verres lenticulaires, plans, convexes, et concaves, on peut obtenir les sept formes suivantes : 1° plan; 2° plan convexe; 3° plan concave; 4° biconvexe; 5° biconcave; 6° convexo-concave, ou périscopique, où la convexité domine; 7° concavo-convexe, ou périscopique, où la concavité domine. Les *fig.* 28 — 29 — 30 — 31 — 32 — 33 — 34 représentent une coupe verticale de ces verres, suivant l'ordre énoncé ci-dessus.

Les verres plans, n'ayant pas de foyer, ne peuvent servir qu'aux personnes qui ont une vue normale, mais qui ont une profession par laquelle leurs yeux sont continuellement exposés aux corps étrangers. Si les artistes en métaux, les piqueurs de pierre, les meûniers quand ils travaillent leur meule, avaient la précaution de se servir de verres sans foyer, un grand nombre d'entre eux éviteraient les lésions traumatiques oculaires si communes parmi les gens de ces métiers. Si l'on faisait le dénombrement des piqueurs de pierre, par exemple, parvenus à un âge assez avancé, on trouverait qu'un grand nombre sont devenus borgnes ou aveugles, et que la très-grande majorité présente sur les cornées des taches indélébiles, qui compromettent plus ou moins la vision, et qui sont le résultat d'une ou plusieurs lésions traumatiques dues principalement à des parcelles d'acier.

Les verres plans colorés, rarement en vert, souvent en bleu plus ou mois foncé, sont employés fréquemment par les personnes qui ont les yeux très-irritables ou atteints d'inflammation plus ou moins forte. L'intensité de la coloration des verres est en raison directe de l'intensité de l'irritation ou de l'inflammation.

Depuis quelques années on a presque généralement renoncé aux verres verts, et on a eu certainement raison; car lorsqu'après s'être servi de ces verres pendant quelque temps, on examinait les objets à l'œil nu, ces derniers paraissaient recouverts d'une teinte jaune. C'est donc aux verres bleus que l'on a recours, pour modifier l'éclat des rayons lumineux. Mais on conçoit que la densité de la nuance doit varier à l'infini, suivant les cas, suivant les individus. Ainsi, il est évident, que l'homme aux yeux seulement irritables se servira de verres moins colorés que l'homme aux yeux enflammés; que les verres légèrement colorés peuvent seuls servir pour le travail, et qu'il en faut de très-colorés pour aller au soleil, surtout dans les villes, où un pavé blanc et brillant réfléchit la lumière avec force et irrégularité. Mais il faudrait bien se garder de vouloir se livrer aux travaux de cabinet avec des verres très-colorés, car plus le verre est coloré, plus les objets vus à travers paraissent obscurs; et les efforts considérables que feraient les yeux, pour distinguer les objets fins au milieu de cette espèce d'obscurité, pourraient leur nuire tout autant et même plus que s'ils n'étaient garantis par aucun verre.

En Angleterre, on se sert de verres plans, appelés neutres, parce que, présentant une teinte noire excessivement légère, ils diminuent l'intensité de la lumière sans donner aux objets aucune coloration. Je pense que c'est à tort qu'en France on n'adopte pas cette manière d'agir, car les verres bleus, bien qu'ils soient très-préférables aux verres verts, donnent toujours aux objets une certaine coloration bleue; et quand, après un long usage de ces verres, les yeux viennent à les quitter, ils en sont affectés désagréablement; tandis que les verres neutres, par exemple, employés au soleil, mettent les yeux dans le même état que s'ils étaient à l'ombre.

Les verres plans, qu'ils soient incolores ou colorés, méritent seuls le nom de conserves, et c'est à tort que les opticiens vendent aux consommateurs, sous ce nom, des verres à foyer plus ou moins rapproché, qui modifient la direction des rayons lumineux.

Les verres plans convexes et plans concaves n'étant pas habituellement employés, il suffira de dire que leur foyer est à une distance égale à deux fois la longueur du rayon de la portion de sphère à laquelle ils appartiennent.

Les verres bi-convexes, qui conviennent aux presbytes, ont pour distance focale exactement la longueur du rayon de la portion de sphère à laquelle ils appartiennent. Ainsi, une lentille, dont chaque courbure appartient à une sphère de 8 pouces de rayon, par exemple, présentera la convergence des rayons solaires à 8 pouces. (Le système métrique décimal n'a point encore été adopté pour les verres de lunettes, à cause de la difficulté de se comprendre qui en résulterait avec les peuples non initiés à ce système.)

La presbyopie présentant un grand nombre de degrés, on comprendra facilement qu'on devait fabriquer des verres convergents à des degrés correspondants. Les verres biconvexes se rencontrent dans le commerce avec les courbures suivantes, connues sous le nom de numéros : Ainsi, le premier n° est 100, c'est-à-dire que son foyer est à 100 pouces ; le dernier n° est 1, c'est-à-dire que son foyer est à 1 pouce. Voici l'échelle de gradation : 100 — 90 — 80 — 72 — 60 — 48 — 40 — 36 — 30 — 24 — 20 — 18 — 16 — 15 — 14 — 13 — 12 — 11 — 10 — 9 — 8 — 7 — 6 — 5 — 4 1/2 — 4 — 3 1/2 — 3 — 2 1/2 — 2 — 1 1/2 — 1.

A quel âge devient-on presbyte, à quels signes s'en aperçoit-on, et par quel numéro doit-on débuter le plus ordinairement? La presbyopie, comme son nom l'indique, se remarque fort rarement parmi les jeunes gens, et c'est ordinairement vers l'âge de quarante-cinq à cinquante ans qu'on en sent les premières atteintes. Ainsi, quand on ne peut plus lire à la distance ordinaire, c'est-à-dire de neuf à douze pouces, et que, pour rendre les mots plus distincts, on est obligé d'éloigner le livre à vingt et vingt-quatre pouces, oh! alors il ne faut pas attendre plus long-temps à porter lunettes, sans quoi l'on met les yeux en danger, par la fatigue qu'on leur fait éprouver, en voulant les forcer à voir des objets petits et rapprochés. Mais s'il est dangereux d'attendre trop long-temps à porter lunettes quand l'état des yeux l'indique, il l'est tout autant d'employer dès le début un numéro d'un court foyer, et c'est ce qui arrive quand, sans aucune connaissance d'optique et de notions anatomiques oculaires, on va trouver ces marchands de lunettes qui se décorent du titre d'opticiens, voire même d'*oculistes*, et qui n'ont souvent d'autre talent que celui de vendre fort cher des verres très communs qu'ils ont achetés excessivement bon marché. N'est-il pas déplorable, en effet, que les fonctionnaires chargés de la police du royaume, de l'ordre public, et par conséquent de la santé des citoyens, ne fassent pas tomber le bras de la justice sur ces charlatans qui prétendent guérir, à l'aide de verres, les amblyopies, les amauroses, etc., et brûlent, pour ainsi dire, et anéantissent le peu de vision qui restait aux dupes qui se sont confiés à leur traitement incendiaire?

Certes, ce que je viens de dire ne s'applique pas à un petit nombre d'opticiens, hommes savants et modestes, qui n'ont pas cru déroger à la science, en s'en servant comme d'un piédestal pour arriver à la confection des instruments d'optique les plus ingénieux. De pareils hommes n'avilissent pas la science, en la faisant concourir à la multiplicité et au perfectionnement des produits de l'industrie; ils annoblissent au contraire l'industrie, en la mettant en contact avec la science à laquelle elle doit ses progrès les plus brillants. Aussi, manifestons-nous le vœu que, pour obtenir le titre d'opticien, on fasse preuve de connaissances d'optique, de notions anatomiques et physiologiques oculaires, par un examen subi devant un jury compétent en pareille matière.

C'est ordinairement par le numéro 72 ou 60 que doit débuter le presbyte qui porte lunettes pour la première fois, à moins que, toutefois, par une coquetterie blâmable à son âge, il n'ait attendu trop long-temps à en faire usage, et alors il devra prendre un numéro d'un plus court foyer, 48 et même 36. Mais comme, malgré l'emploi de ces lunettes, la presbyopie va sans cesse en augmentant, il arrive qu'on doit changer plusieurs fois de lunettes. Quant au changement plus ou moins fréquent, il n'y a aucune règle fixe à cet égard, et tel presbyte conserve le même numéro pendant vingt ans, tandis que tel autre est obligé d'en changer tous les ans. Cette différence dépend de la constitution générale et locale de l'individu, et souvent de la nature de ses travaux. Dans tous les cas, que le presbyte prenne les lunettes pour la première fois, ou qu'il passe d'un foyer plus long à un plus court, il devra faire bien attention à ce qu'avec les lunettes qu'il porte désormais il n'approche pas à plus de douze pouces un livre à caractères d'impression ordinaire. S'il était obligé pour lire facilement de le placer à moins de douze pouces, c'est que les verres seraient d'un foyer trop court; si, au contraire, il était obligé de le placer à plus de quinze pouces, c'est que les verres seraient d'un foyer trop long.

Le presbyte ne doit jamais se servir de ses lunettes que pour lire, écrire, ou distinguer des objets petits et rapprochés, car il voit mieux sans lunettes les objets gros et éloignés; et c'est ainsi que se comportent la majorité des presbytes, la plupart du temps sans trop s'en rendre compte.

On voit que les presbytes ne se servent jamais des numéros 100 — 90; rarement de 80; parce qu'à ce degré la presbyopie est si faible qu'elle passe inaperçue, et qu'on peut y parer facilement en éloignant tant soit peu les objets.

Mais il est aussi très-rare de rencontrer des presbytes qui aient besoin des numéros 6, 5, 4 1/2 etc. Ces derniers numéros, depuis 5 jusqu'à 1, qui sont de vraies loupes, ne sont guère employés que pour les personnes qui ont subi l'opération de la cataracte ; et il est facile de comprendre combien doivent être presbytes les gens qui ont subi cette opération, puisqu'elle consiste dans l'extraction ou la destruction du cristallin. Néanmoins, parmi les opérés de la cataracte qui ont recouvré la vue de la manière la plus heureuse, il y a des différences dans les verres qu'on doit leur faire porter, pour voir les petits objets; différences qui dépendent de l'état de réfrangibilité de leurs yeux, avant qu'ils ne soient atteints de cataracte. Ainsi, un opéré de la cataracte, myope avant le développement de la cataracte, aura besoin de verres moins forts que celui qui avait une vue normale; tandis que l'opéré qui était déjà presbyte avant le développement de la cataracte aura besoin de verres très-forts, numéro 2 et 1, par exemple. L'observation suivante vient à l'appui de cette théorie :

Le nommé Berthel, ouvrier amidonnier, demeurant à Rennes, rue Champ-Dolent, avait été opéré sans succès à l'Hôtel-Dieu de cette ville d'une cataracte de l'œil gauche, il y a environ deux ans. Quelques mois plus tard, il y a environ dix-huit mois, pendant un séjour de trois semaines que je fis en cette ville, cet homme vint me trouver pour que je l'opérasse de l'œil droit également atteint de cataracte. J'employai la méthode du broiement et l'opération fut couronnée d'un plein succès, puisque cet individu travaille d'abord à son état sans lunettes, et qu'en outre, sans lunettes encore, il ramasse facilement des épingles à terre. Ayant dernièrement interrogé cet homme sur sa vue antérieure, il me répondit qu'en effet, autrefois, avant le développement de ses cataractes, il avait la vue courte, c'est-à-dire qu'il était myope.

Nous avons dit que les presbytes ordinaires ne devaient se servir de lunettes que pour les objets fins et rapprochés, comme les caractères d'imprimerie, les travaux d'aiguille, de broderie, etc. Mais les presbytes au dernier degré, ceux qui se servent des numéros 5 à 1 pour lire, doivent néanmoins se servir des numéros du milieu de l'échelle, pour bien distinguer par exemple les personnes qui se trouvent dans un salon. Je n'ai pas besoin d'entrer dans de nouveaux détails à ce sujet, et d'après tout ce qui précède on saura très-bien se conduire en pareil cas.

Les verres biconcaves qui conviennent aux myopes ont la même échelle de gradation que les verres biconvexes. Mais au lieu de faire converger les rayons lumineux, ils les font diverger, et cela toujours d'une quantité relative au degré de leur courbure. Ces verres n'ont pas réellement de foyer; cependant, pour s'entendre au sujet de leurs numéros, on a admis pour eux un foyer fictif. Ce foyer est situé en avant du verre, juste à l'endroit où se croiseraient les rayons lumineux, divergents après leur passage dans le verre, si par l'imagination on les ramenait en avant et en ligne droite. (Voir la fig. 11 et son explication, p. 27).

La myopie est le partage de la jeunesse, quoiqu'on la rencontre fréquemment parmi les vieillards, mais alors elle date de leur jeunesse. Elle augmente ordinairement, mais insensiblement jusqu'à vingt-cinq et trente ans, ensuite reste stationnaire le reste de la vie, et quelquefois même disparaît complètement, quoique dans certains livres on prétende le contraire. D'abord il y a des faits incontestables, et puis en outre il y a le raisonnement de la théorie. En effet, puisque des yeux normaux peuvent devenir presbytes par les progrès de l'âge, il est bien évident que, par le même mécanisme, des yeux myopes peuvent devenir normaux. La myopie est beaucoup plus fréquente chez les hommes de lettres que chez les gens de la campagne, où on la rencontre à peine, et cela se conçoit par la nature des travaux des gens de lettres, qui ont toujours les yeux appliqués sur de petits objets.

Les myopes ont moins de précautions à prendre que les presbytes dans le choix de leurs lunettes, puisqu'ils ne s'en servent habituellement que pour voir de loin les objets volumineux. En effet, les myopes ordinaires n'ont pas besoin de lunettes pour lire ou écrire; il leur suffit d'approcher le livre ou le papier plus près de leurs yeux, et il n'y a que dans le cas de myopie très-prononcée, où, par exemple, étant obligés de placer les objets à toucher le nez, les yeux éprouvent une contraction musculaire trop énergique, fatigante, et sont atteints de strabisme convergent double momentané.

Aussi, faut-il que la myopie ait déjà acquis un certain degré, pour que l'on ait recours aux lunettes. En effet, les myopes modérés, ne se doutant pas qu'on puisse voir plus loin qu'eux, ne réclament pas l'usage des verres qui les mettraient dans les conditions des vues normales ; il faut qu'ils se trouvent dans une position particulière, au spectacle, au bord de la mer, pour que, faisant l'essai des lunettes ou lorgnons à verres concaves de leur voisin, ils soient tout étonnés de voir distinctement des objets, qu'ils apercevaient à peine et obscurément avec leurs yeux seuls.

C'est ordinairement entre les numéros 30 et 15 que les myopes portent leur premier choix ; et la force de leurs lunettes doit être telle, qu'ils puissent reconnaître aisément la figure d'une personne à travers une rue très-large.

Les myopes ne doivent pas se servir de leurs lunettes pour lire, écrire, coudre ou broder ; mais elles leur deviennent indispensables pour aller dans la rue, sans quoi, ils sont exposés à chaque instant à faire des impolitesses, en ne saluant pas des personnes auxquelles ils doivent le premier salut, et qui, ignorant leur infirmité, attribuent à la malhonneté ce qui n'est qu'un effet de la myopie. Ils doivent aussi porter lunettes, pour se livrer à l'exercice de la chasse, du billard, etc., et de tous les exercices ou travaux qui exigent une longue portée de la vue. Au théâtre, les lunettes leur sont d'un grand secours, pour bien juger du jeu de la physionomie des acteurs.

Ce que je viens de dire s'applique surtout aux myopes modérés ; mais ceux qui sont atteints d'une myopie tellement forte que, pour lire, ils seraient obligés de faire toucher le livre au nez, doivent avoir plusieurs paires de lunettes de numéros différents : un numéro plus faible pour lire, un numéro intermédiaire pour assister à une soirée ou à un dîner ; un numéro très-fort pour voir de loin, au spectacle ou dans la rue.

Francklin, qui était très-myope, avait fait faire des lunettes dont chaque verre était composé lui-même des deux moitiés de deux autres verres à foyer différent; de manière qu'en regardant alternativement par le haut du verre ou par le bas, il pouvait distinguer les mets situés auprès de lui, et la figure des personnes situées à l'extrémité de la table. On fabrique encore des lunettes de ce genre qui portent le nom de lunettes à la Francklin; mais la plupart des opticiens se contentent de couper en deux parties deux verres différents qu'ils rassemblent ensuite, pour ne former qu'un seul cercle, et cette manière d'agir est très-préjudiciable à la vue. Pour que ces espèces de lunettes soient bien construites, il faut que chaque segment soit taillé dans un seul verre, de manière que le centre optique se trouve au centre du fragment.

Au reste, un myope qui ne veut pas avoir constamment des lunettes sur le nez, peut se servir avec avantage de lorgnons binocles, à foyers différents, suivant la distance à laquelle il regarde. Mais, profitons de cet instant pour proscrire énergiquement l'usage du lorgnon monocle, qui, appliqué constamment sur le même œil, ne tarde pas à amener une différence dans la force réfringente des deux yeux, d'où il peut résulter des amauroses ou des strabismes. Nous connaissons plus d'un fashionnable dont la vue a été sensiblement détériorée par l'usage du lorgnon monocle, surtout quand il était tenu en place par la seule contraction du muscle orbiculaire des paupières.

Il existe une autre forme de verres, dits périscopiques, ou de Wollaston, ou verres menisques. Ces verres, qui ont deux courbures, une convexe en dehors et l'autre concave du côté de l'œil, et dont chaque courbure domine sur l'autre, suivant qu'on veut en faire des verres convergents ou divergents, ont la propriété de faire voir plus distinctement les objets situés de côté; mais, comme dans l'examen que nous faisons des objets qui nous environnent, il nous est facile de tourner la tête en face des objets, il est évident que la supériorité des verres périscopiques sur les autres se réduit à fort peu de chose.

Néanmoins, un général, un amiral, pendant une bataille, un peintre pour embrasser un vaste paysage, pourraient retirer quelque utilité de l'usage de ces verres, si toutefois chacun de ces individus était myope. Mais, pour l'usage ordinaire, contentons-nous de verres biconvexes et biconcaves, qui, à cause de la régularité de leurs courbures, peuvent acquérir un degré de perfection extrême, à laquelle arrivent difficilement les verres périscopiques, dont les courbures sont différentes et inégales entr'elles.

D'après tout ce qui précède, on peut déduire que l'emploi des verres de lunettes ne peut être nuisible à la vue, quand ils sont d'un foyer parfaitement en rapport avec ce qu'il y a de plus ou de moins dans la réfrangibilité des yeux. Mais aussi, il est de la plus grande importance qu'ils soient parfaitement transparents, limpides, exempts de bulles, rayures, bouillons et autres inégalités, qui, en produisant des réfractions multiples et inégales, fatigueront énormément l'organe de la vue.

Nous terminerons ce que nous avions à dire des lunettes, en disant quelques mots de la monture, qui doit être solide en même temps que légère, et façonnée de manière que les centres optiques correspondent exactement au centre de la cornée transparente. Ainsi, il y a deux espèces de monture : la première en X (*fig.* 35) doit être employée pour les personnes dont la racine du nez est peu élevée, et en même temps pour celles dont les yeux sont égaux en réfraction (et c'est ce qui se rencontre le plus communément); de sorte qu'on peut les placer indifféremment à droite et à gauche. La seconde en K (*fig.* 36) doit être employée pour les personnes dont la racine du nez est très-bombée, et en même temps pour celles qui, ayant les yeux inégalement réfringents, portent deux verres chacun d'un numéro différent. Il résulte de cette dernière forme, qu'on est obligé malgré soi de placer les lunettes toujours du même côté, et que chaque verre se trouve toujours situé au devant de l'œil pour lequel il a été choisi.

Réponse au reproche que font habituellement les médecins encyclopédistes aux médecins spécialistes, et particulièrement aux médecins oculistes, en accusant ces derniers de tourner dans un cercle trop étroit.

Avouons d'abord que ce reproche est mérité par les spécialistes qui ne voient rien au-delà de leur spécialité; aussi, un médecin oculiste qui ne connaîtrait que l'anatomie et la physiologie oculaire, qui ne connaîtrait que les maladies des yeux, serait-il un très-mauvais oculiste, puisqu'il serait incapable d'apprécier toutes les sympathies, les liaisons, les coïncidences existant entre les yeux et les autres organes. Mais l'oculiste qui a étudié profondément toutes les lois de l'organisation générale, et qui, pendant plusieurs années d'une pratique étendue, a pu voir, apprécier et traiter toutes les maladies qui viennent assaillir l'espèce humaine; celui-là, dis-je, en abandonnant les autres parties de la médecine, ne tourne pas dans un cercle aussi étroit qu'on veut bien le répéter tous les jours. En effet, l'œil ne peut-il pas offrir à lui seul presque toutes les affections qu'on remarque dans les autres parties du corps, puisque dans l'œil et ses annexes se rencontrent tous les tissus de notre organisation, plus même quelques-uns qui lui sont propres?

Ainsi, si la peau du corps peut être atteinte d'érythême, d'érysipèle, de phlegmons, de furoncles, de pustules malignes, de tumeurs lipomateuses, et autres, etc., la peau des paupières peut offrir toutes ces affections; et ici la difformité qui en est la suite à bien plus de gravité que partout ailleurs.

Si le système pileux peut être atteint d'affections, d'insectes parasytes, de chûte irréparable, *plique*, *poux*, *morpions*, *alopecie*, les sourcils peuvent présenter les mêmes phénomènes. Les cils également, s'ils viennent à manquer, constituent la *madarose*, et il en résulte constamment une inflammation chronique des paupières. Que les cils viennent à prendre une direction vicieuse, il peut résulter de leur frottement sur le globe oculaire les lésions les plus graves, la perte même de la vue, si l'on ne remédie point à cette fausse direction par une opération convenable.

Si la muqueuse intestinale, pulmonaire, génito-urinaire, peut être atteinte d'inflammation catarrhale, mécanique, aphteuse, purulente, ulcéreuse, etc., la muqueuse oculaire, *conjonctive*, peut présenter les mêmes modifications morbides : *conjonctivite simple, catarrhale*, *purulente*, *aphtheuse*, *ulcéreuse*, etc.

Si les membranes séreuses, plèvre, péricarde, péritoine, synoviales, peuvent être atteintes d'inflammation avec formation de fausses membranes, ou bien d'hypersecrétions, *hydropisie*, ne peut-on pas considérer comme des séreuses la membrane de l'humeur aqueuse qui tapisse la chambre antérieure, la capsule du cristallin, la face interne de la choroïde et de l'iris, la membrane hyaloïde; et les fausses membranes développées dans ces parties délicates ont presque toujours pour résultat la perte plus ou moins complète de la vue, quand on n'a pas su en enrayer la marche. Ne s'y forme-t-il pas aussi des hypersécrétions qui constituent les différentes hydropisies de l'œil: *hydropisie de la chambre antérieure*, *hydropisie sous-hyaloïdienne*, *hydropisie sous-rétinienne*, etc.

Si les tissus fibreux et musculeux peuvent être atteints de rhumatismes et de contracture, n'avons-nous pas dans l'œil la sclérotique, l'iris même, qui peuvent être souvent atteints d'inflammation rhumatismale : *sclerite*, *iritis*? N'avons-nous pas les muscles de l'œil qui peuvent être atteints aussi de contracture : *strabisme?*

Si le système glanduleux, foie, pancreas, glandes salivaires, parotides, mammaires, etc., peut être atteint d'aberration en plus ou en moins dans ses produits, ou d'obstruction dans ses conduits, ne remarque-t-on pas l'inflammation des glandes de Méibomius : *blépharite glanduleuse ou ophthalmie tarsienne*; leur engorgement et hypertrophie : *chalazion?* Ne remarque-t-on pas l'hypersécrétion de la glande lacrymale : *epiphora*; son hyposécrétion : *xerophthalmie*; l'obstruction plus ou moins complète des points et conduits lacrymaux : *larmoiement*; du sac lacrymal ou du canal nasal : *tumeur et fistule lacrymale?*

Si les veines du corps peuvent être envahies par l'inflammation ou par l'hypertrophie, *phlébite, varices*, les veines de l'œil en peuvent présenter autant : *phlébite oculaire*, *staphylôme des procès ciliaires et de la choroïde.*

Si les artères du corps peuvent être atteintes

d'anévrismes ou d'ossification, ne voit-on pas quelquefois l'anévrisme de l'artère ophthalmique, l'ossification de l'artère centrale de la rétine, d'où formation inévitable de cataracte?

Enfin, les maladies de l'enveloppe osseuse oculaire sont encore du ressort de l'oculiste, et on y trouve comme ailleurs, *carie*, *nécrose*, *exostose*, *périostose*, *etc.*

Etant bien démontré que l'œil renferme presque tous les tissus de l'économie animale, il est facile de prouver qu'il en contient d'autres qu'on ne trouve pas ailleurs; la cornée, le cristallin, l'humeur vitrée, la rétine et voire même la choroïde, n'ont point leurs semblables en d'autres endroits, et l'étude pathologiquc des différentes humeurs de l'œil et des membranes internes constitue justement la partie la plus difficile des connaissances oculaires. Tout le monde comprendra donc que l'étude des maladies des yeux n'est pas une étude superficielle, et qu'un praticien, qui veut exceller dans cette branche et y faire des progrès, peut bien y consacrer tout son temps. Je dirai même que la médecine générale est trop vaste, pour qu'un seul homme, quelque profond et habile qu'il soit, puisse exceller dans toutes ces branches. Et qui donc a fait faire le plus de progrès aux sciences médicales? Ce sont les spécialistes. Les affections cutanées seraient-elles aussi bien connues sans les Alibert, Biett, Cazenave, etc.? Les affections des voies urinaires, sans les Ricord, Civiale, Leroy d'Etioles, Ségalas, etc.? Les affections des yeux enfin, sans les Beer, Jæger, Mackensie, Sichel, Carron du Villards, etc.? Aussi, je pense que c'est à ma spécialité que je dois le succès d'une opération que j'ai pratiquée récemment, et qui m'a été suggérée pour l'observation suivante, que je demanderai la permission de citer; opération à laquelle je n'aurais pas certainement songé, si j'avais été médecin encyclopédiste, mais opération que mes études assidues et spéciales sur les maladies des yeux m'ont conduit à exécuter.

Le nommé Jean Jumel, de Saint-Malo-de-Phily, âgé de 58 ans, aveugle depuis quatre ans, avait été opéré par abaissement, il y a deux ans, à l'Hôtel-Dieu de Rennes, pour deux cataractes qu'il portait. Une inflammation violente de l'iris se développa; soit que le traitement ne fût ni assez énergique, ni assez rationel, ou soit que l'inflammation fût rebelle à la médication la mieux dirigée, toujours est-il que le malade retourna chez lui, aveugle comme auparavant. Depuis, il consulta plusieurs médecins qui le jugèrent tous incurable.

Le 8 mars 1846, Jean Jumel se présenta chez moi, dans l'espoir que je lui ferais recouvrer la vue par une opération. J'examine ses yeux et je remarque ce qui suit : *œil gauche;* chambre antérieure plus vaste qu'à l'état normal, iris décoloré, présentant une surface inégale et concave d'avant en arrière, le diamètre de la pupille contiendrait à peine une épingle, laquelle pupille est obstruée par des fausses membranes. *OEil droit ;* chambre antérieure, et iris, présentant le même aspect que l'œil gauche; mais la pupille, quoiqu'obstruée par une fausse membrane paraissant assez épaisse, est beaucoup plus large que celle du côté opposé : elle a à peu près les dimensions naturelles, mais elle est irrégulièrement ovale de haut en bas. Le bord pupillaire de l'iris paraît adhérent à la fausse membrane dans toute sa circonférence. Néanmoins, après l'instillation d'extrait de belladone, on obtient à la partie supérieure une petite dilatation partielle, comme la pointe d'une épingle, et transparente; par cette petite ouverture passent quelques rayons lumineux, et le malade peut apprécier la coloration de quelques objets sans en apprécier les formes et la nature.

De la forme concave de l'iris, de cette petite dilatation transparente, et de ce que le malade a été soumis à plusieurs opérations de cataracte, je juge qu'il n'y a plus de cristallin dans l'œil. En effet, l'opération vint plus tard vérifier la précision du diagnostic.

Comment devait-on opérer en pareille circonstance? La plupart des opérateurs modernes recommandent la pupille artificielle, et je suis complètement de leur avis pour l'œil gauche du malade. Mais pour l'œil droit, il serait certainement plus avantageux de pouvoir rétablir la pupille naturelle ou centrale, que d'en créer une autre, latérale; et il ne faut pas se dissimuler que, vu la désorganisation de l'iris, il eût peut-être été impossible d'y pratiquer une pupille artificielle (aussi bien dans un œil que dans l'autre). Mais revenons à l'œil droit, puisque celui-ci seul fut opéré.

Pour rétablir la transparence de la pupille naturelle, on pouvait tenter de détacher la fausse membrane en passant une aiguille à cataracte par la sclérotique derrière l'iris; mais cette manière d'agir est presque constamment, pour ne pas dire toujours suivie d'insuccès : ou l'aiguille ne peut détacher complètement la fausse membrane, parce que cette dernière, une fois détachée partiellement d'un côté, n'est plus tendue, n'offre plus de résistance et fuit devant l'aiguille; ou bien, en décollant cette fausse membrane du bord pupillaire, il est difficile que la pointe tranchante de l'aiguille ne lèse pas l'iris et ne détermine une hémorrhagie qui masque le jeu opératoire; ou bien encore cette fausse membrane complètement détachée (ce qui est fort rare), étant d'une pesanteur spécifique plus faible que l'humeur vitrée, ne veut pas rester dans les profondeurs de l'œil et remonte sans cesse au devant de la pupille. Il serait donc préférable d'avoir recours à l'extraction de cette fausse membrane. Mais si on tente l'extraction par la cornée, la traction que l'on fera pour la détacher se fera dans le sens de son adhérence, et, ou elle se laissera déchirer par l'instrument, ou bien, si elle est assez résistante, on pourra décoller l'iris de sa circonférence ciliaire. Il serait par conséquent plus convenable d'en tenter l'extraction, en introduisant par la sclérotique un crochet derrière l'iris, crochet qui agira dans le contre-sens de l'adhérence de la fausse membrane, et pourra la détacher plus facilement. C'est donc de cette manière que je procédai à l'opération.

Le 11 mars, le malade est amené à mon dispensaire clinique, et en présence de plusieurs docteurs en médecine et d'environ cinquante étudiants en médecine, je procède à l'opération de la manière suivante : Le malade étant assis devant moi, sur une chaise basse, la paupière supérieure maintenue par un aide, je maintiens l'inférieure avec l'index et le medius de la main droite; je prends de la main gauche un couteau lancéolaire de Béer; je l'enfonce à 10 millimètres en dehors de la cornée, perpendiculairement à son bord temporal, et un peu au dessus du diamètre transversal de l'œil, pour éviter l'artère ciliaire longue. Il était de la plus grande importance de donner à l'incision une direction horizontale ; car en lui donnant une direction verticale, on eût coupé un certain nombre de nerfs ciliaires et de vaisseaux choroïdaux, qui eussent donné lieu à des accidents nerveux et à une forte hémorrhagie ; et en outre, l'action des muscles droits aurait tenu l'ouverture béante et favorisé la sortie de l'humeur vitrée. L'incision que je viens de pratiquer, intéressant la conjonctive, la sclérotique, la choroïde et la rétine, ne donne que dix à douze gouttes de sang. Je quitte le couteau que je confie à un aide, et je prends un crochet à pupille artificielle, que j'introduis par l'incision derrière l'iris, la pointe tournée en arrière. Arrivé en face la pupille, je retourne la pointe en avant et l'engage par la petite lacune que nous avons dit exister à la partie supérieure de la fausse membrane, et ensuite je détache cette fausse membrane dans toute sa portion interne. En ce moment un aide, croyant faire bien en voulant éponger avec son mouchoir la nappe de sang qui recouvrait la face interne de la paupière inférieure, fit remonter ce sang sur le globe oculaire, et il s'en introduisit par la plaie une certaine quantité dans les chambres de l'œil, ce qui masqua d'une manière fâcheuse le jeu du crochet. Néanmoins, je harponnai la portion détachée de la fausse membrane, et j'eus le bonheur de la décoller complètement, non seulement du bord externe de la pupille, mais même de toute la surface uvéenne temporale; ce qui redonna à l'iris une partie de sa contractilité dans le sens horizontal, et j'obtins une pupille parfaitement nette, ressemblant à celle des ruminants. Je retire, comme je l'avais introduit, le crochet, qui est accompagné de la fausse membrane. L'opéré distingue de suite tous les assistants, mais il ne peut distinguer de petits objets, ce qui dépendait évidemment de l'épanchement de sang qui s'était opéré par le fait de l'aide, qui avait voulu éponger le sang de la paupière inférieure. Il ne sortit pas une parcelle de l'humeur vitrée, ce qui dépendit beaucoup de ce que mon confrère et ami M. le docteur Mouton, chirurgien aide-major de première classe à l'hôpital militaire de Rennes, maintint parfaitement, pendant tout le temps de l'opération, la paupière supérieure, sans exercer la moindre pression sur le globe oculaire.

Quoique l'opéré fût, depuis ses opérations antérieures, sujet à des congestions cérébro-oculaires et à des céphalalgies continuelles, les symptômes inflammatoires consécutifs furent fort peu graves : une saignée, quelques purgatifs, le calomel à l'intérieur, l'onguent napolitain belladoné en frictions, en triomphèrent aisément, et au bout de quinze jours il n'y avait pas la plus légère trace d'inflammation. Un mois après l'opération, Jean Jumel vint à mon dispensaire, voyant passablement de son œil, et disant que sa vue s'améliorait de jour en jour.

Je lui essayai des lunettes biconvexes n° 3 1/2, et il put distinguer tous les petits objets qu'on lui montra ; il partit le lendemain pour son pays. Je lui recommandai de n'exercer sa vue que progressivement, et de revenir dans quelques mois pour faire l'acquisition de lunettes biconvexes n° 3 1/2, s'il ne pouvait pas travailler sans leur secours, et en outre pour subir, s'il le désirait, l'opération de la pupille artificielle sur l'œil gauche.

MM. Lagarde, chirurgien-major de première classe au 3e d'artillerie, et Macé, docteur-médecin de cette ville, qui me faisaient l'honneur, ce jour-là, d'assister à ma clinique, purent vérifier le résultat de cette opération et en constater le succès (1).

(1) Aujourd'hui, 26 juin 1846, je viens de recevoir des nouvelles de Jean Jumel. Sa vue a continué de s'améliorer de jour en jour, et depuis quelque temps il se livre à ses différentes occupations.

CONCLUSION.

Cet ouvrage étant terminé, il ne me reste plus qu'à réclamer l'indulgence du lecteur pour les imperfections qu'il peut contenir. Je ne doute pas que cette faveur ne me soit accordée, quand on saura que ce livre a été composé en un mois environ, et malgré les soins assidus que je donne chaque semaine à plus de cent cinquante personnes atteintes de maladies d'yeux. Il me sera facile d'expliquer cette précipitation, par le désir que j'avais, en publiant cet ouvrage, de répondre aux attaques malveillantes et calomnieuses de certains confrères, jaloux sans doute de la création de mon dispensaire ophthalmique où je donne gratuitement mes soins deux fois la semaine à plus de cent indigents atteints de maladies d'yeux, plus jaloux peut-être de l'enseignement clinique, pratique, et gratuit que je donne à quelques confrères bienveillants et étudiants en médecine, qui me font l'honneur de suivre mes leçons.

Si j'ai choisi la ville de Rennes pour ma demeure, pour la création de mon dispensaire et de ma clinique opthalmique, c'est que j'y savais une école de médecine contenant un grand nombre d'étudiants (comparativement aux autres écoles secondaires), attirés particulièrement dans cette ville (je veux parler de ceux qui prétendent au doctorat) par les cours de la faculté des sciences, cours tous professés avec mérite et un profond savoir, et dont un surtout est hors ligne par la verve, la lucidité, la précision et l'éloquence du professeur.

Si je refuse de m'occuper de médecine générale, renvoyant à mes confrères les malades qui viennent me consulter pour des affections autres que les affections oculaires, c'est que chez moi la jalousie médicale n'existe pas, et que par la même raison, que je pense mieux traiter une maladie d'yeux, parce que j'en fais ma spécialité, par la même raison, dis-je, je pense que celui qui fait, par exemple, des accouchements tous les jours, se tirera mieux d'affaire sans doute dans un accouchement difficile, que moi, qui n'en ai fait qu'un petit nombre autrefois, et qui depuis quelques années n'en ai pas fait du tout.

L'étude des maladies des yeux est moins chez moi une spéculation, qu'un goût, qu'une passion pour la satisfaction de laquelle je ne crains pas de consacrer tous mes instants. Je ne suis content que lorsque je me trouve entouré d'une centaine de maladies d'yeux; c'est mon champ de bataille à moi; c'est là que j'interroge la nature sur le mystère de ses productions morbides; c'est là que j'établis des comparaisons et des différences entre les diverses affections réparties sur le grand nombre de sujets qui viennent réclamer mes soins à mon dispensaire; et c'est ainsi, en scrutant, en comparant, en différenciant, que j'arrive à obtenir des résultats heureux contre des affections qui avaient résisté long-temps à des traitements antérieurs.

Quelle douce satisfaction, quelle vive et agréable émotion n'éprouvé-je pas, quand je rends la lumière à celui qui l'a perdue depuis plusieurs années, quand je donne la vue (et cela m'est arrivé quelquefois) à l'aveugle-né qui n'a jamais joui de ce sens si précieux!

Certes, si je me borne à la spécialité des maladies oculaires, c'est, comme je l'ai déjà dit, parce que je pense que cette branche de la pathologie est assez vaste, assez intéressante, assez difficile pour que la vie entière d'un homme soit consacrée à son étude; et c'est aussi de ma propre volonté; car qui s'opposerait à ce que je fisse de la médecine générale? N'en ai-je pas fait pendant sept ans? N'ai-je pas été chargé par M. le ministre de la guerre d'un service de santé des plus importants? Et je crois m'en être acquitté, sinon avec talent, du moins avec honneur.

Malgré la répugnance que j'ai à faire moi-même mes éloges, n'y suis-je pas forcément amené par les bruits malveillants qu'on a répandus dans certaines sociétés; bruits d'autant plus faciles à accréditer, que je suis étranger à cette ville? Pour toute réponse à ces calomnies, je citerai, 1° le certificat que je viens de recevoir de M. le vicomte de Limoges Saint-Just, sous-intendant militaire de première classe, à la bienveillante recommandation duquel je fus nommé par M. le ministre de la guerre, il y a bientôt dix ans, et à l'âge de vingt-trois ans, aux fonctions de chirurgien-major, par intérim, de la garnison et de la place d'Evreux; 2° le certificat dont m'a honoré M. le maire de Mayenne pendant un séjour de deux semaines que je fis dans cette ville, il y a un peu plus d'un an :

« Nous soussigné, sous-intendant militaire de première classe, officier de la Légion d'Honneur, certifions que pendant trois ans M. Jules Leport, docteur-médecin, a été chargé du service de santé près les corps composant la garnison d'Evreux, à défaut de chirurgien militaire; qu'il n'a cessé de faire preuve d'un zèle, d'une sollicitude et de connaissances pratiques très-remarquables.

» Les rapports de santé annuels présentés à l'inspection générale par M. Leport ont constamment attiré l'attention des inspecteurs généraux, et pour la lucidité de leur rédaction, et pour les observations qu'ils relataient.

» Ce médecin doit inspirer toute confiance, et personne mieux que lui ne remplira consciencieusement les devoirs de la mission qui lui serait confiée, dans le cas où ses services seraient réclamés de nouveau près des troupes.

»*Evreux*, *le* 1er *juin* 1846.

»V. DE LIMOGES SAINT-JUST.»

«Le maire de la ville de Mayenne certifie avoir accompagné M. Leport, docteur-médecin-oculiste, dans une visite qu'il a faite dans les hospices de cette ville, où il a traité plusieurs malades avec succès et gratuitement.

»Le maire soussigné se plaît à rendre un témoignage public à l'habileté de M. Leport, et à lui offrir l'expression de sa reconnaissance, au nom des indigens qu'il a traités avec un si louable désintéressement.

»*Mayenne*, *le* 5 *mai* 1845.

»*Le Maire*, NOUEL DE LA TOUCHE.

»Vu par nous, sous-préfet, pour la légalisation de M. Nouel de la Touche, maire de Mayenne.

»*Le Sous-Préfet*, JARRY.»

FIN.

TABLE DES MATIÈRES.

FIN DE LA TABLE.

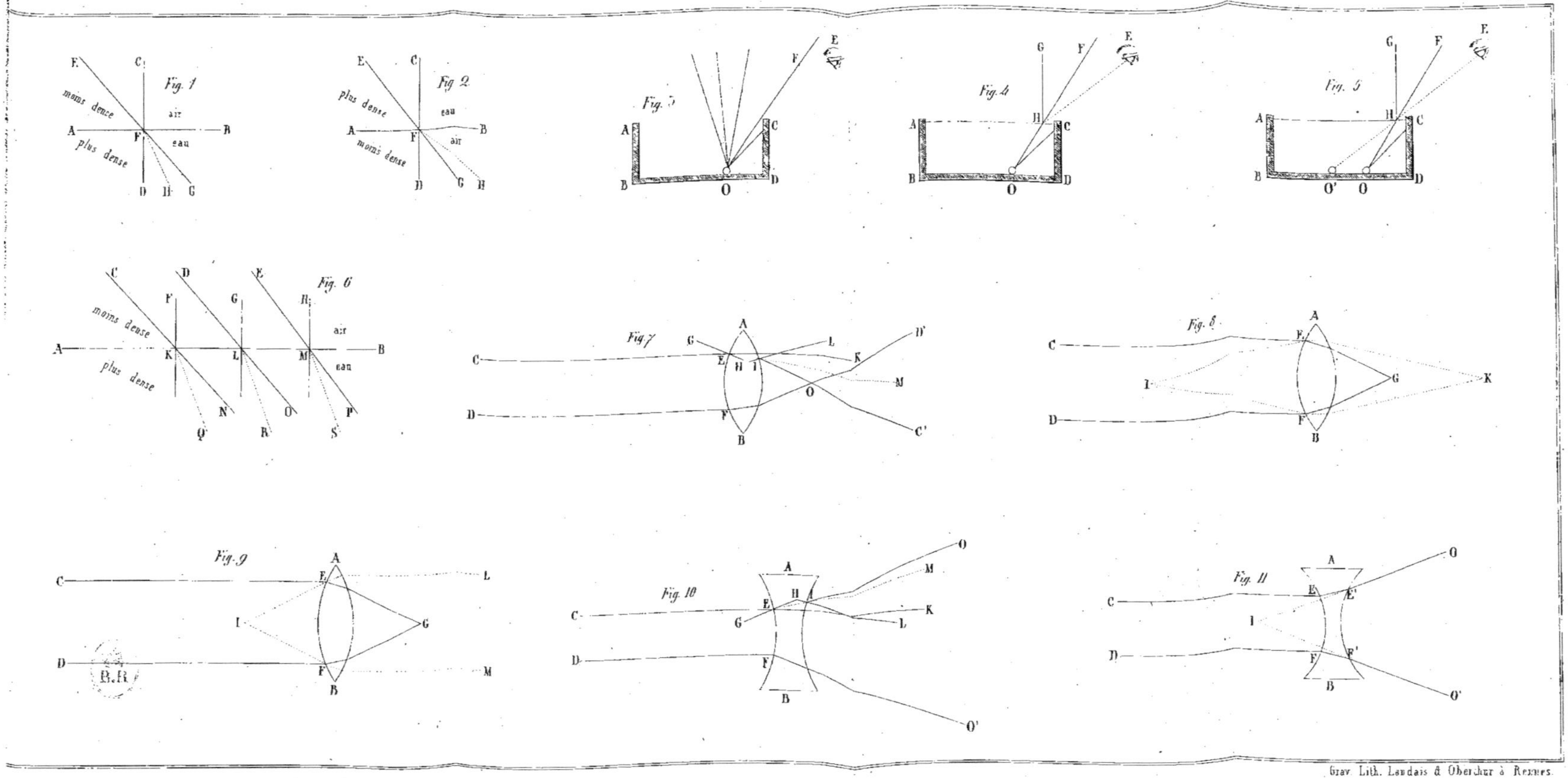

Pl. I

Fig. 1

moins dense — air — plus dense — eau

Fig. 2

plus dense — eau — moins dense — air

Fig. 3

Fig. 4

Fig. 5

Fig. 6

moins dense — air — plus dense — eau

Fig. 7

Fig. 8

Fig. 9

Fig. 10

Fig. 11

Grav. Lith. Landais & Oberthur à Rennes.

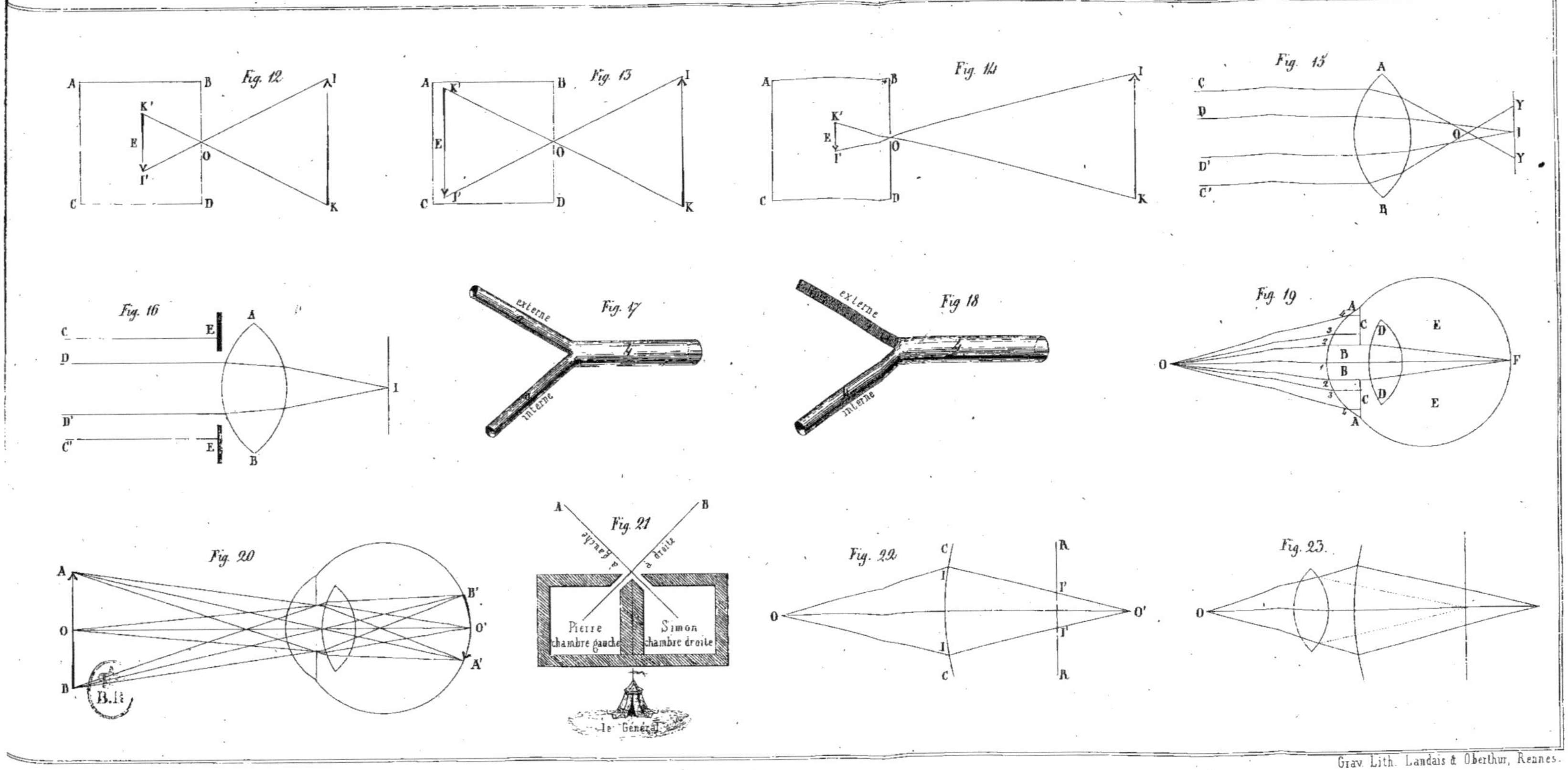

Fig. 12

Fig. 13

Fig. 14

Fig. 15

Fig. 16

Fig. 17

externe

interne

Fig. 18

externe

interne

Fig. 19

Fig. 20

Fig. 21

à gauche

à droite

Pierre
chambre gauche

Simon
chambre droite

le Général

Fig. 22

Fig. 23

Grav. Lith. Landais & Oberthur, Rennes.

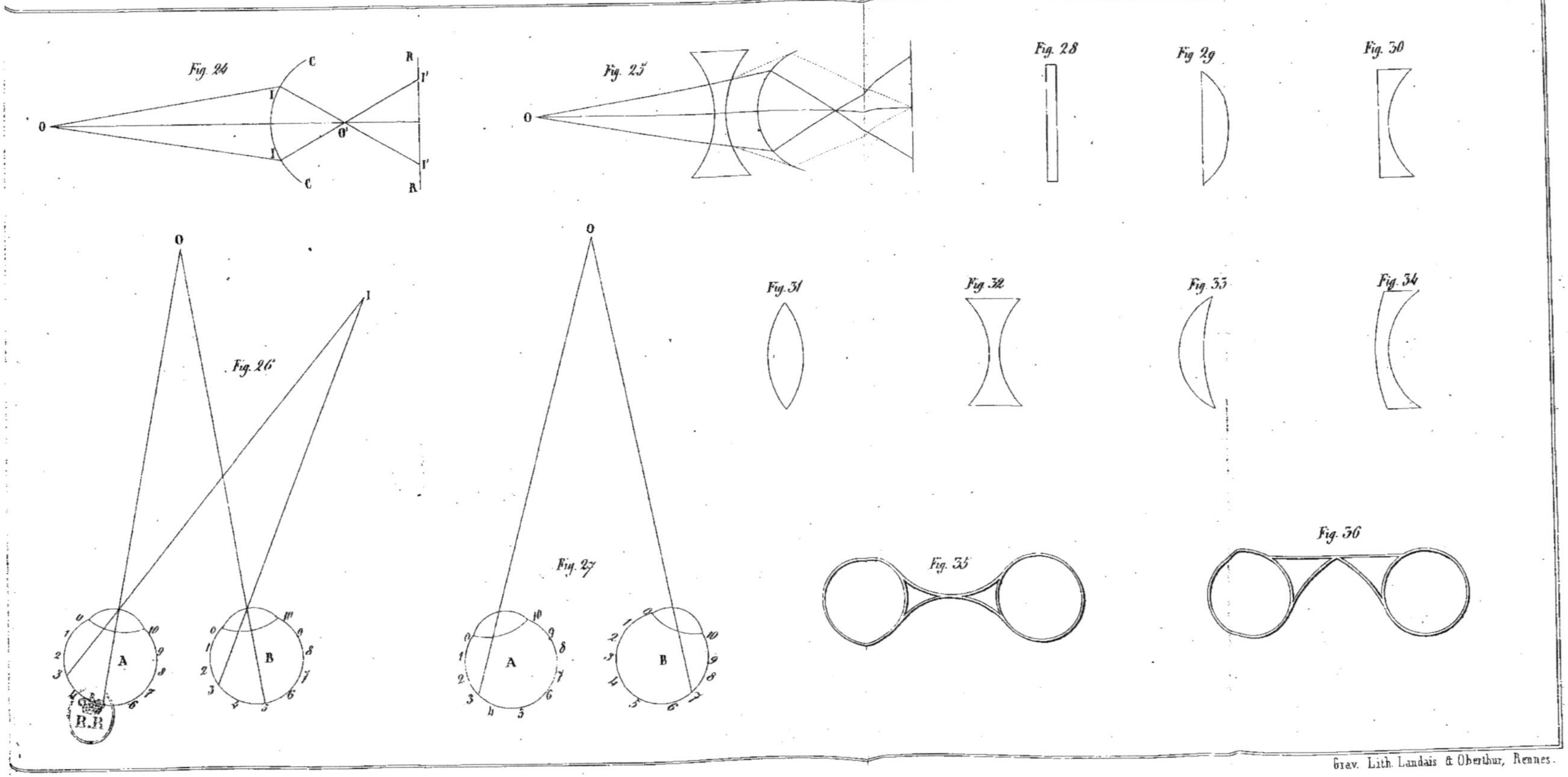

Fig. 24

O I I C C O' R R I' I'

Fig. 25

O

Fig. 28

Fig. 29

Fig. 30

Fig. 26

O I

0 1 2 3 4 5 6 7 8 9 10 A

0 1 2 3 4 5 6 7 8 9 10 B

Fig. 27

O

0 1 2 3 4 5 6 7 8 9 10 A

0 1 2 3 4 5 6 7 8 9 10 B

Fig. 31

Fig. 32

Fig. 33

Fig. 34

Fig. 35

Fig. 36

Grav. Lith. Landais & Oberthur, Rennes.

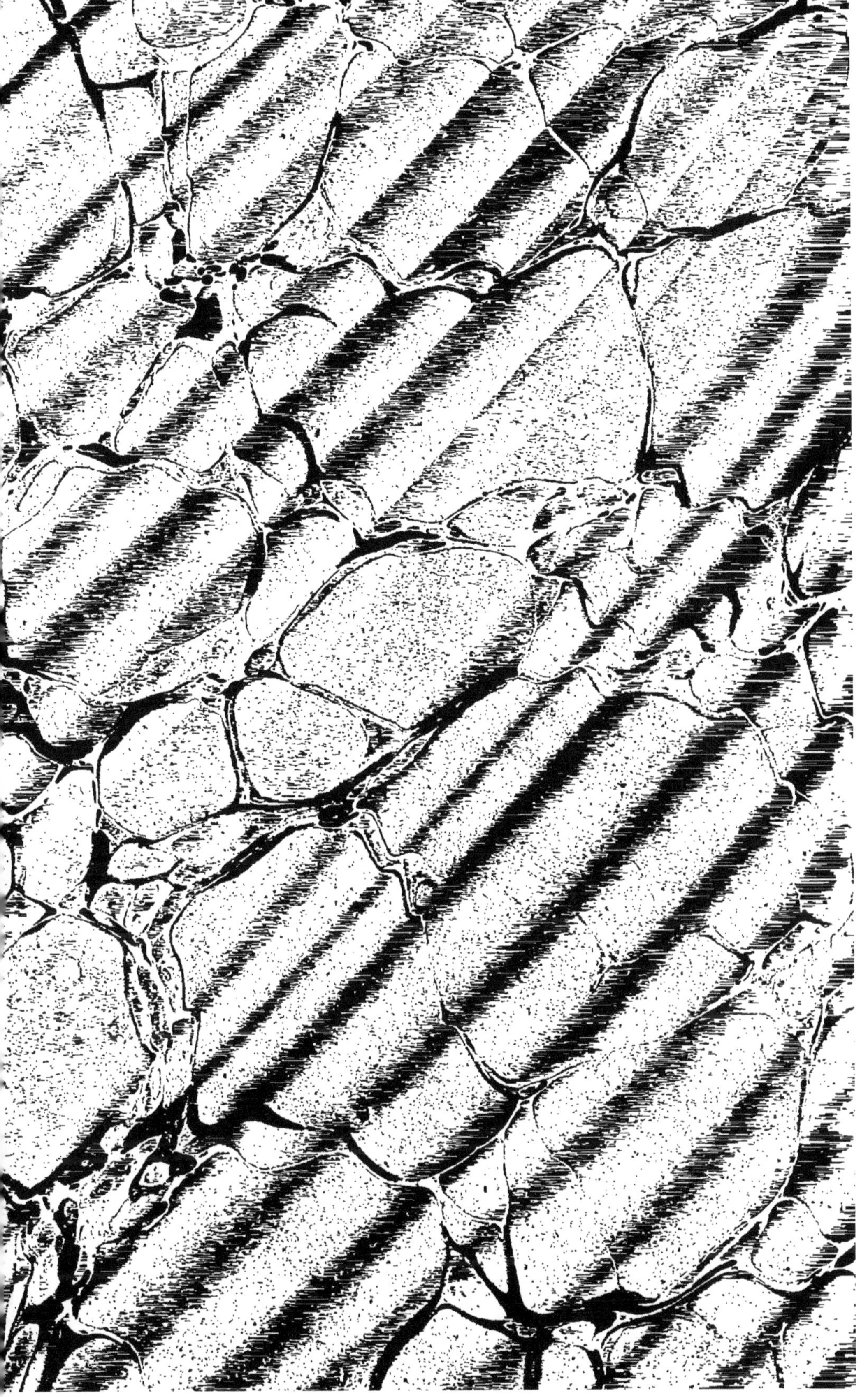

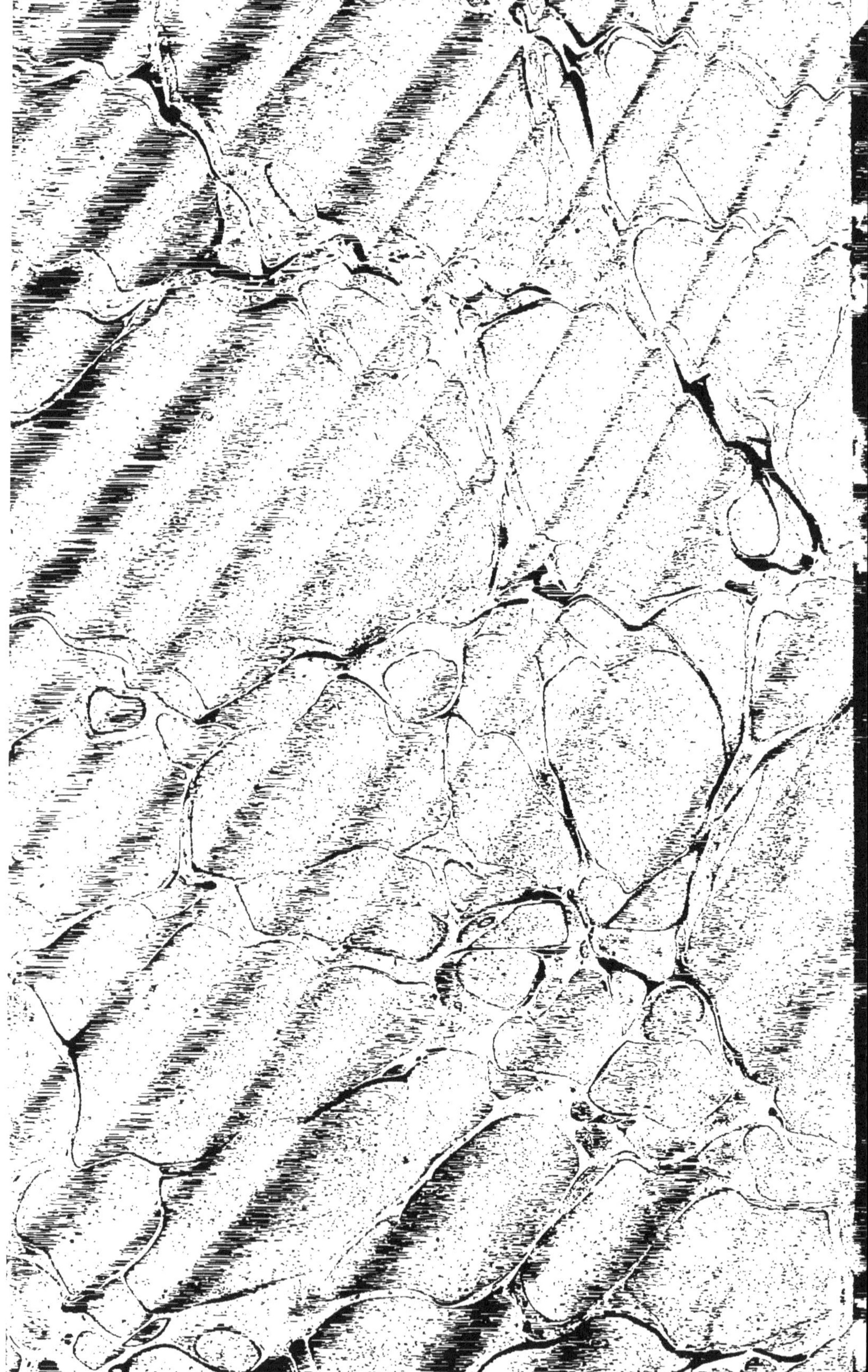

www.ingramcontent.com/pod-product-compliance
Ingram Content Group UK Ltd.
Pitfield, Milton Keynes, MK11 3LW, UK
UKHW021853190726
13855UKWH00001B/300